KB266764

자연과학
오디세이

즐거운지식 22

자연과학 오디세이

김근묵 지음

이담 Books

서 문

    자연은 과학이다. 자연과학은 자연을 관찰하고 탐구하는 학문이라 할 수 있다. 이러한 자연과학을 이해하려면 수학적 연역과 실험적 기술을 포함하고 있어서 다소 복잡한 설명이 필요하기도 하다. 때문에 일부 학생들은 과학이라는 용어만 들어도 어렵다고 느끼는 경향이 있다. 특히 인문계나 예체능계 학생들이라면 골치 아픈 과목, 생각조차 하기 싫은 과목으로도 통한다. 어쩌면 이러한 경향이 우리나라 이공계 기피현상과도 무관하지 않다는 생각이 든다. 그렇다면 정말 자연과학은 어렵고 재미가 없는 과목일까?

    사실, 기존 자연과학 교재를 살펴보면 물리학, 화학, 생물학, 지구과학, 과학철학 등 주요 내용을 축소하여 총망라되어 있다. 그렇다 보니 비전공 분야 학생들에겐 그런 과목으로, 역시 그 과목이로구나 하고 인식하는 것도 사실이다. 용어나 수식적 표현에서 여전히 이해하기 어려울 것으로 공감이 된다. 그러나 지금 어린 청소년들에게 장래의 꿈을 물어보라. 과학자, 공학도, 기술자를 정말 싫어하는지를…. 하지만 저들의 그러한 꿈을 접는 원인이 무엇이며 어디에 있는가? 자연과학을 연구하고 가르치는 사람으로서 정말로 책임을 통감하지 않을 수 없다. 여기 몇 가지 처방을 제안해 본다. 우선 '첫째는 자연과학을 쉽고 재미있게 생각하게 만들자. 둘째, 기초적이며 일상적인 예로 과학 원리를 찾도록 해보자. 셋째, 될 수 있다면 전문적인 용어나 설명을 피하거나 줄이고 눈높이와 수준을 낮추어 보자.' 등이다. 그렇다고 지적 호기심이나 유발하고 흥미 본위의 내용을 말하자는 건 아니다.

그런 관점을 고려하여 본 교재의 제1부는 기초과학 분야로서 빛, 시간, 나무, 물, 우주 5개 주제를 선정하였다. 그리고 제2부에서는 응용 분야로서 물질과 재료, 의료기술, 생활과학, 동식물 세계, 환경과 미래로 나누어 보았다.

구체적인 내용을 보면, 제1장 '빛이란?'에서 빛의 정의에 대하여 살펴보고, 빛은 어두움을 밀어낼 수 있지만 어두움은 왜 빛을 밀어내지 못하는 걸까? 빛은 파동과 입자의 이중성을 갖는다. 파동과 입자 두 개념은 서로 상반된 모순을 지니고 있다. 그런데 어떻게 빛 속에 두 개념이 공존할 수 있는지 생각해 본다. 제2장 '시간의 과학'에서 아인슈타인의 특수 상대성 이론에 대하여 살펴보고, 시간은 왜 미래로만 흐르는가? '쌍둥이 패러독스'를 통해 시간의 상대성을 논의한다. 제3장 '나무와 사람'에서는 나무와 사람은 오랫동안 공생공존의 길을 걸으며 좋은 관계를 유지해 왔다. 그런데 왜 나무는 사람에게 아낌없이 주는 걸까? 우리는 어떤 나무를 심을 것인가 등을 생각한다. 제4장 '물과 생명'에서 물은 왜 생명이라고 말하는가, 물과 생명의 연관성, 과학적 관점, 성경적 관점, 자원적 관점에서 다룬다. 또한 물의 몇 가지 특이성에 관련하여 생각하고 자연 속 좋은 물이란 어떤 물인지 생각해 본다. 제5장 '시작과 끝'에서는 우주의 시작, 빅뱅 이론을 비롯해서 별들의 일생을 논한다. 우주 속 가장 먼 별 퀘이사, 숨겨진 별 블랙홀, 마지막 별 초신성 등에 관하여 살펴본다. 그리고 지구라는 행성은 어떻게 생겨났을까? 하는 질문을 해 본다. 제6장 '재료의 진화'는 물질과 재료의 본질에 대하여, 인류의 풍요를 가져다 준 재료, 반도체를 비롯해 액정, 초전도체, 세라믹 등의 성질과 이를 응용한 태양전지, 열전소자, LED 제품들의 원리와 특징을 살펴본다. 제7장 '의료 기술' 편에서는 지금 지구는 여러 가지 요인으로 질병에 시달리고 인류는 생명의 위협을 느끼며 불안하게 살아간다. 그러나 치료기술의 진보로 인류의 수명은 오히려 점차 연장되고 있다. 이러한 치료의 기술, CT, MRI, PET, Laser, 초음파 등의 과학에 원리와 치료법을 살펴본다. 제8장 '생활의 발견'은 우리 실생활에서 많은 과학현상을 보게 된다. 영화, 놀이 기구, 체육, 운동 시설 등 실생활을 가만히 살펴보면 과학의 눈을 뜨게 된다. 제9장 '동물의 세계'는 동물은 너무나 자연적이다. 사람은 교육을 통해서 지식과 정보를 얻지만 동물과 식물은 그렇지 못하다. 그럼에도 불구하고 저들은 너무나 자연을 이해하고 순응하며 살아가는 것이다. 저들을 통해 과학과 지혜를 배워본다. 제10장 '환경과 미래', 현재 우리 인류가 겪는 고통은 물질문명의 부족 상태 때문에 오는 것이 아니다. 가장 큰 문제인 환경오염으로 인해 온난화, 오존층 파괴와 간접적인 원인도 많고, 더불어 대기오염, 토질오염, 수질오염, 전파오염 등 직접적인 원인도 많다. 그렇다면 인류의 미래는 어떻게 다가올 것인가? 미래에 다가올 문제, 에너지 문제, 물 부족 문제,

고령화 저출산 문제 등 생각만으로도 벅차고 답답하게 만드는 문제들이다. 이러한 문제들에 관하여 연구하고 토론하다 보면 해결책이 보이고 인류의 미래가 밝아지게 될 것이다.

앞으로도 더 많은 연구와 강의를 통해 좋은 교재가 되도록 노력할 것이다. 모쪼록 강의를 들어준 학생들과 교재의 출판을 위해 도와주신 출판사와 여러분들께 진심으로 감사드린다.

2009년 10월
김근묵

목 차

제1장

빛이란?

빛이 있으라!

성경에 하나님은 "빛이 있으라" 하고 처음 빛을 만들었다고 기록하고 있다. 태양이나 별보다 먼저 빛을 만든 것이다. 태양이나 별이 없는데 어떻게 빛을 만들었을까? 그렇다면 그 빛은 무엇일까? 과학자들도 우주의 탄생은 큰 빛과 더불어 시작되었다고 말한다. 이것이 빅뱅이론인데 빅뱅은 우주 대폭발 사건이다. 대폭발과 더불어 큰 빛이 나타났고 작은 우주가 나타나게 되었다. 과연 빛이란 무엇인가?

첫째, 빛은 세상에서 가장 빠르다. 빛이 1초에 30만 km를 나갈 수 있는데 이를 따라잡을 수 있는 것도 없을 뿐만 아니라 어떤 상황에서도 빛 속도는 변하지 않는다. 이것이 아인슈타인의 상대성 이론이다.

둘째, 빛은 물결파처럼 진동하는 파동이다. 또한 빛은 구슬처럼 행동하는 알갱이, 입자이다. 두 성질은 서로 상반된 성질로써 동시적으로 가질 수 없다. 하지만 빛은 두 성질을 동시에 갖추고 있다. 이러한 빛의 이중성 때문에 양자역학이 탄생하였다.

셋째, 빛 속에는 많은 색깔을 포함하고 있다. 자외선, 가시광선, 적외선 등… 우리는 이 모든 색깔을 모아 백색광(白色光)이라고 말하고 그 중 한 가지 색깔을 단색광이라 부른다.

넷째, 빛은 전자기파이다. 전자기파란 전기와 자기파가 서로 중첩되어 스칼라 곱(積) 방향으로 진행한다. 이것이 무한의 먼 거리를 감쇄 없이 진행할 수 있는 복사(radiation)의 원리이다.

다섯째, 빛은 에너지이다. 만일 지구에 햇빛이 없다면 많은 생명체가

생존할 수 없다. 잠시만 햇빛이 가려져도 기온이 급강하하여 지구 생태
계에 큰 변화를 가져오게 될 것이다.

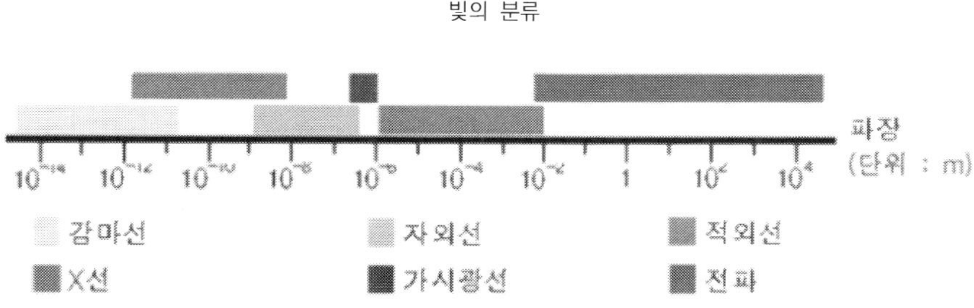

〈표 1〉 여러 가지 빛의 속성

	자외선	가시광선	적외선
시 각	볼 수 없음	볼 수 있음	볼 수 없음
감 각	느끼지 못함	느끼지 못함	느껴짐
구 분	?	??	???

그렇다면 성경에 하나님이 처음 만든 빛은 어떤 빛이었을까? 태초의
빛은 태양 빛, 달, 별 빛과는 전혀 다른 차원의 빛이다. 그 빛은 모든 에
너지의 원천, 밝음과 어두움, 따스함과 차가움과 구별되는 그런 빛이다.
온 우주의 생명의 본질이 된 생명의 빛, 모든 빛을 대표하는 본질적인
빛이었을 것이다. 그 빛이 나타나자 어두움은 순순히 사라졌다. 마치 까
만 옷과 흰 옷이 구별되듯이, 그래서 지구는 뽀송뽀송 솜이불처럼 따뜻
해져서 여기저기서 생명이 탄생하기 시작하였다. 과학자들은 이 빛을 모

든 힘의 근원이라 생각한다. 자연계에 존재하는 네 가지 힘, 중력, 전자기력, 강력, 약력을 하나로 모았을 때 통일된 힘의 원천은 빛이기 때문이다.

빛과 어두움

빛과 어두움은 함께 공존하지 않는다. 그리고 빛은 온 우주에 충만해 있다. 보이는 빛 보이지 않는 빛으로.. 반면, 빛 반대편에 어두움 역시 언제나 대기하고 있다. 빛이 없는 자리를 채우려 하고… 1969년 11월 아폴로 12호 우주비행사 알렌 빈(Allen Bean)은 달 표면에 내리는 순간 지구에 교신하는 것조차 잊은 채 넋을 잃고 멍하니 서 있었다. 눈앞에 펼쳐져 있는 칠흑 같은 어두움 속에서 눈부시도록 밝게 빛나는 태양에 압도되었기 때문이다. 그는 지구로 귀환한 후 달에서 본 태양의 소감을 이렇게 피력하였다. '지구에서 매일 보던 태양이었지만 달에서 본 태양은 검은 보석과도 같은 하늘과 대조를 이루며 공포에 휩싸일 지경이었다.' 그리고 그는 사전 비행 훈련 때 '태양을 향하여 절대 카메라를 겨누지 말 것.'을 교육받았음에도 불구하고 태양을 향하여 TV 카메라를 들이대자 카메라가 타버리고 말았다.

이 말은 우리가 마치 우주 전체에 빛으로 충만한 것으로 착각하지만 우주는 빛보다 더 많은 어두움이 공존한다는 뜻이다. 우리는 이것을 우주의 배경복사라고 말한다. 우주 배경복사는 우주 평균기온이 3K(영하 $-270\,℃$)로 냉동의 저온 상태를 의미한다. 그것은 우주 전체는 암흑천

지라는 뜻, 그럼에도 불구하고 지구는 빛으로 가득 차 있는 것이다. 그러면 어쩌다 지구에 빛이 가득 차게 되었을까?

첫째, 지구 가까이 태양이라는 별이 있기 때문이다. 지구, 화성, 목성, 금성 등 이들은 스스로 빛을 내지 못하는 행성에 속한다. 그런데 이런 지구 가까이 태양만이 스스로 빛을 낼 수 있는 별인 것이다. 태양은 지구로부터 8광분, 빛의 속도로 불과 8분 거리에 있는 것이다. 또한 태양이 지구를 향해 엄청난 빛을 보내줄 수 있는 것은 태양 내부에 납(Pb)보다 무려 14배나 무거운 수소와 헬륨이 무려 2500기압으로 날마다 핵융합반응을 일으키고 있기 때문이다. 그래서 태양의 중심 온도는 무려 2000만℃, 표면 온도는 6000℃에 이른다.

둘째, 지구는 풍부한 공기로 채워져 있기 때문이다. 지구의 공기는 78%가 질소(N_2), 21% 산소(O_2), 0.93%는 아르곤(Ar), 그리고 0.03%의 이산화탄소(CO_2)로 구성되어 있다. 공기층이 마치 지구본에 페인트를 입혀놓은 것처럼 공기층을 형성하고 있다. 그래서 지표에서 약간 벗어나 대기권으로 올라가면 공기가 희박해진다. 이 때문에 에베레스트 산에서 조난당한 사람을 구출할 때 헬리콥터가 무용지물이고, 고산지대에 사는 배부른 독수리가 잘 날지 못하는 이유가 다 그런 이유 때문이다.

셋째, 지구는 빛이 많다. 밝은 빛은 다른 잘 흡수하지 못한다. 이 말은 어떤 물체가 빛을 흡수하는지 알려면 물체에 빛을 쪼여보면 알 수 있다. 전기스탠드 옆에 검은색 받침을 놓으면 곁이 어둡지만 투명판을 놓으면 밝아진다. 예를 들어 붉은 잉크는 붉은 빛을, 파랑색 잉크는 파랑색 빛을 반사시킨다. 그런데 지구가 보석처럼 밝고 아름다운 이유는 밝고 아름다운 빛을 스스로 지니고 있기 때문이다.

그런데 과학자들은 이런 아름다운 지구의 멸망시기가 가까워졌다고 걱정이다. 종말 시계가 몇 시간 남지 않았다는 것이다. 이런 지구 가까이 어두움이 다가오고 있다는 뜻이기도 하다. 지구에 어두움은 언제 어떻게 찾아오게 되는 걸까?

첫 번째 가능성은 지구와의 소행성 충돌이다. 아직까지 지구상에 떨어진 소행성은 작은 것들이 대부분이지만 앞으로 소행성의 직경이 1km만 되어도 지구 생명체 상당수가 멸망할 가능성이 있다.

두 번째는 대홍수 문제. 대홍수에 관한 전설은 아직도 많이 남아 있다. 성경에 나오는 노아의 방주에 대한 이야기를 보더라도 단순히 생각할 수만은 없는 것이다. 수메르의 점토판, 중국, 아즈텍 그리고 잉카의 고대 문명의 기록에도 대홍수가 여러 번 기록되고 있다.

세 번째 빙하기의 출현이다. 영화 '투모로우'에서는 빙하기가 급격하게 다가오는 상황을 묘사하고 있다. 지구 온난화로 인하여 거대 빙산이 떠내려 오게 되고 그로 인해 해수의 온도에 급격한 변화를 준다. 그러한 급격한 온도변화는 거대한 태풍을 만들어내는데 이 태풍은 일반적인 태풍과는 다르게 나타난다. 이미 그러한 징조가 있다. 최근 동남아시아에 나타난 대형 쓰나미가 마음에 걸린다.

네 번째는 지구 온난화 문제이다. 현재도 지구 온난화로 인해서 심각한 자연재해가 증가하고 있다. 최근 카트리나 대재앙도 그로 인한 일련의 사건으로 판단되는데, 이렇듯 지구의 평균온도 상승은 많은 영향을 주고 있다. 단순히 '덥다.'라는 말로 끝나는 문제가 아닌 것이다. 지구 온난화는 극지방의 얼음을 녹여 해수면 상승의 원인이 된다. 해수면이 상승하면 열을 잡아둘 수 있는 양이 더 늘어나서 또다시 지구의 온도를 상승시킨다. 이러한 악순환의 꼬리를 자를 수 있는 방법은 정말 없는 것일까?

다섯 번째는 핵전쟁, 이것은 따로 설명할 필요가 없다. 왜냐하면 지금 많은 나라들이 만들어 보유하고 있는 핵폭탄들은 예전 히로시마에 떨어진 것과는 비교가 안 된다. 1메가톤 규모의 핵폭탄이 터질 경우 열복사에 의해 반경 3km 내의 모든 것이 증발하고 후폭풍으로 인해 반경 30km 내의 생명체가 모두 사라지며 후폭풍으로 말려나가 낙진에 의해 열복사와 후폭풍에 의해 살아남은 사람도 2주에서 6개월 안에 모두 사망하게 된다.

여섯 번째 지구 멸망 가능성은 지구를 감싸고 있는 자기장의 띠이다. 바로 '반알렌대'라는 것으로 나침반이 북쪽을 가리킬 수 있는 것도 이 때문이다. 이런 지구 자기장은 지구상의 생명체에게 아주 중요한 역할을 하는데 그것은 바로 죽음의 우주선을 막아주는 역할을 하고 있다. 태양은 사실 끝없이 수소폭발을 일으킴으로써 방사선을 우주 밖으로 방출하고 있다. 이러한 것이 생명체에 직접 닿을 경우에는 생명체의 세포는 파괴되고 만다. 이런 경우 모두 지구에 빛이 사라지고 갑작스런 어두움이 찾아들지도 모른다.

그런데 그 모든 가능성 외에도 실제로 태양은 수소나 헬륨이 점차 줄어들고 있다고 한다. 미국 사우스다코다 주 홈스테이크 광산 2000m 지하 갱도에서는 펜실베이니아 대학 데이비스 교수가 만든 핵융합 검출기가 있다. 이 검출기는 태양으로부터 나오는 소립자 뉴트리노(neutrino)를 검출하기 위해 설치해 놓은 것이다. 그런데 그가 측정해 저장한 데이터의 뉴트리노 양을 분석해본 결과 지금 태양 중심의 온도가 2000만℃의 3분의 1수준인 700만℃에 불과하다는 것이다. 이미 중심부에 에너지가 고갈되어 태양이 점차 식어가고 있다는 뜻일 수 있다. 이것이 태양 표면의 온도에까지 영향을 미치려면 앞으로 10만 년은 더 걸린다. 막상 태양이 점차 식게 되었을 때 응집력을 잃을 것이고, 부피가 증가하게 되면 태양의 반경은 증가한다. 그래서 수성, 금성부터 삼키게 되는 것이고, 마침내 지구까지 서서히 삼켜 버리게 될 것이다. 그때 지구는 깜깜한 어두

소행성 충돌

노아홍수

'투모로우'의 빙하기

지구 온난화

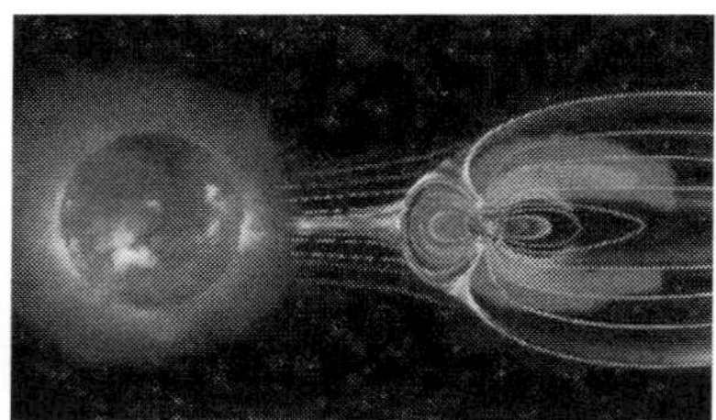

지구 자기장

움이 스며든다. 그때는 아무도 숨 쉬는 사람이 없게 될 것이다.

빛은 입자? 파동?

빛은 입자이다. 입자란 구슬, 알갱이, 덩어리, 하나만 있는 유일한 존재를 뜻한다. 유일하게 존재한다는 뜻은 지구, 태양, 달, 사람, 그리고 우리 모두는 유일한 존재요, 입자라고 할 수 있다. 우리는 내가 살고 있는 곳에만 있고, 다른 곳에 나라는 존재는 없기 때문이다. 지금 나는 이곳 연구실에서 연구 중이다. 다른 연구실이나 또는 장소, 어느 곳에도 나를 볼 수 없다. 즉, 나는 하나, 유일(唯一)하기 때문이다.

그러면 파동은 무엇일까? 파동이란 물결과도 같다. 출렁출렁, 높게 또는 낮게, 계속하여 마루와 골을 만들며 퍼져가는게 파동인 것이다. 우리가 태평양 한가운데 돌을 던지면 파동이 일어난다. 이 파동은 온 태평양 바다를 지나, 지구 전역으로 퍼져나갈 것이다. 그리고 얼마간의 시간이 지나면 아마 모든 세계 구석구석까지 퍼져나갈 것이다. 따라서 파동이란 모든 곳에 존재하는 무한(無限: ∞)의 개념이다.

그러면 빛이 입자라는 증거를 무엇으로 설명이 가능할까? 라디오메타가 있다. 라디오메타는 진공 속에 운모로 만든 바람개비이다. 이 바람개비 한쪽은 검은색, 다른 한쪽은 흰색이다. 그런데 이곳 바람개비 검은 쪽에 빛을 비추면 한쪽 방향으로(검은 쪽에서 흰 방향으로) 도는 것을 확인할 수 있다. 왜 운모 바람개비가 돌게 되는 것일까?

그것은 입자인 빛이 검은 운모판 충돌하면서 흡수, 흑체복사를 일으키

라디오미터

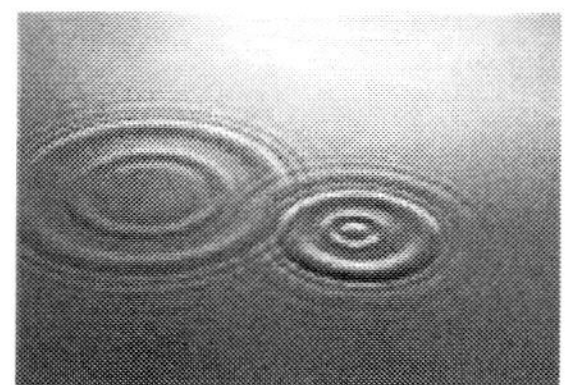

파동

고, 회전시키려는 힘을 만들기 때문이다. 이러한 빛의 입자라는 증거다. 그리고 빛의 입자성을 뒷받침 하는 현상으로 광전효과, X선, 그리고 컴퓨턴 효과 등이 있다. 광전효과는 어떤 금속에 빛이 비추었을 때 금속으로부터 전자가 튀어나오는 나오는 현상을 말하고 X선은 이 광전효과의 반대현상이다. 특정의 금속에 전자를 충돌시키면 강력한 빛인 X선이 방출한다. 다시 말해 입자인 전자를 금속에 충돌시켜, 빛을 얻기 때문에 마치 슈퍼마켓에 가서 1,000원짜리 물건을 1,000원에 사는 것과 같다. 만일 999원을 주면 1,000원짜리 물건을 구입할 수 없는 것처럼 말이다. 이와 관련하여 컴퓨턴 효과는 빛과 전자를 충돌시키는 당구시합과 같다. 이 시합은 에너지와 운동량을 동시에 보존시킨다. 그렇다면 빛의 파동성을 보여주는 것이 무엇이 있을까?

빛의 파동현상에는 회절, 굴절, 간섭 그리고 편광 현상이 있다. 1798년 이집트에 원정 간 나폴레옹의 병사들은 신기한 현상을 보게 된다. 분명히 보였던 호수가 소멸되고, 풀잎이 야자수로 변하는 등 신기루 현상이 나타난 것이다. 그때 종군하였던 프랑스의 수학자 G. 몽즈가 처음으로 발견했다고 해서 '몽즈 현상'이라 불린다. 그리고 지표의 공기가 몹시 차갑고 그 위가 따뜻할 경우, 지표 부근의 현저한 기온 역전으로 인해 빛이 굴절하여 먼 곳에 있는 실물이 거꾸로 매달린 형태로 나타나거나 솟아올라 보이는데 이 경우는 물체의 상이 실물보다 위에 형성된다. 영국사람 빈스가 발견했다고 해서 '빈스 현상'이라 한다. 이것은 마치 들판에 서 있는 허수아비 현상이다. 실상이 아닌 허상, 철에 관계없이 삼베 바지에 양복 겉저고리를 입고 볏짚 모자를 눌러쓴 그런 허수아비 허상을 말한다. 또한 빛의 파동현상 중 편광이란 안경렌즈가 빛을 받았을 때 색깔이 검게 변하는 것이 그 예라 할 수 있을 것이다. 이처럼 빛은 입자 파동으로 변화무쌍해서 정확하게 표현할 수 없다는 결론을 얻게 되었다.

그래서 하이젠베르크는 빛의 파동, 입자 이중성을 이렇게 정리하였다. 그는 "입자의 위치를 정확하게 측정하려면 운동량을 정확히 측정하기 어렵고 운동량을 정확하게 측정하려면 입자의 위치를 프랑크 상수(h = 6.023 x 10^{-34} J · sec) 범위 안에서 어렵다"는 말로 정리하였는데 빛이 입자성과 파동성을 동시에 가지는 것이 '에너지와 운동량을 동시에 정확하게 측정할 수 없다'라는 뜻이다. 이것을 하이젠베르크의 불확정성의 원리라고 말하는데 모든 입자의 초기 운동량만 알면 그 입자의 미래까지도 알 수 있다고 생각했던 고전 역학과 정면으로 대치되는 것이다. 불확정성원리는 다른 말로 관측하고자 하는 현상을 정하여 말할 수 없다. 입자라고 보면 파동으로, 파동으로 보면 입자로 나타나게 되는, 어떤 물체를 정확하게 측정하기 위해서 측정하고자 하는 물체와 정확한 자

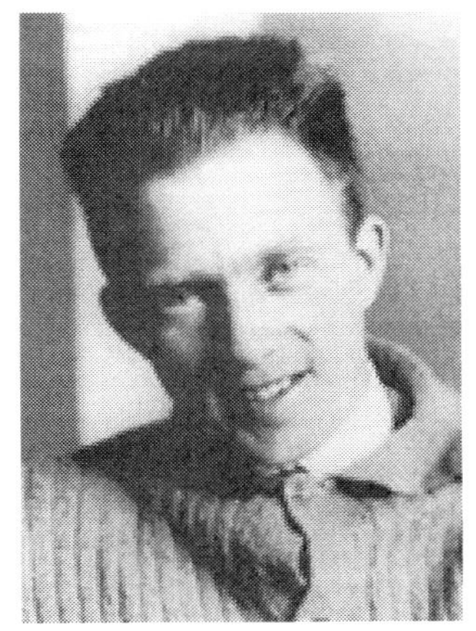

하이젠베르크

(尺)가 준비되어 있어야 한다. 그러나 그 한계가 있다. 한계가 되는 기준이 세상에서 가장 작은 상수 값인 프랑크 상수($h = 6.023 \times 10^{-34}$ J·sec) 값이다.

생명의 빛

1961년 여름, 시모무라 박사는 미국 프린스톤대로부터 시애틀 북부의 임해 실험소로 향했다. 연안을 대량으로 감도는 「오원크라게」가 발하는 빛의 수수께끼를 밝혀내기 위해서였다. 반디로 대표되는 생물의 발광 현상은 당시로서는 '르시페린'이라고 하는 발광 물질과 효소의 반응으로 일어난다고 생각되고 있었다. 때문에 무수한 해파리를 그물로 포획해 체내의 르시페린을 추출하려는 실험을 반복하였지만 실패의 연속이었다. 「뭐든지 좋으니까 빛나는 물질을 추출하자.」 반대하는 지도 교수의 권유를 만류하고 마음대로 실험을 강행하였다.

발광 물질을 찾아내기 위해서는 빛나지 않는 상태로 해 둘 필요가 있었다. 빛난 다음에는 그 물질은 분해되어 버리기 때문이다. 「왜 빛나는 것인가. 어떻게 하면 억제되는 것인가.」 보트를 젓고 바다로 나갔다. 엎드려 누워 있으면서 돌연 번쩍였다. 「pH가 영향을 주는 것은 아닌가.」 추출 용액을 산성(pH 4)으로 하면 빛나지 않게 되는 것이 판명되어 간신히 타개책을 찾아내 용액을 개수대에 버린 순간 「개수대가 폭발적으로 푸르게 빛났다.」 해수 중의 칼슘 이온과 반응해 강하게 빛났던 것이다. 이 물질은 오원크라게의 학명을 기념하여 「이크오린」이라고 명명하였고 그 후에도 매년 여름 가족 총출동으로 5만 마리 이상의 해파리를 계속 잡아 17년 걸려 그 발광 메커니즘을 해명했다. 그 덕분에 부근의 연안에서는 해파리가 한 마리도 남아 있지 않았다.

그러나 오원크라게는 왜 녹색에 빛나는 것인가. 이크오린을 정제했을 때 녹색에 빛나는 미량의 부산물을 찾아내 버리지 않고 분석을 계속하였다. 그 정체가 밝혀졌다. 바로 GFP, 녹색 형광 단백질이었다. 그 단백질은 푸른빛의 에너지를 받아, 초록의 빛을 방출하고 있었던 것이다. 그러나 시모무라 박사는 GFP의 이용가치에는 전혀 흥미가 없고 그 구조에만 관심을 두었다. 그래서 특허도 신청하지 않았다.

스웨덴 카롤린스카 연구소 산하 노벨위원회는 2008년 노벨 화학상에 미국 우즈홀 해양생물연구소의 시모무라 오사무 박사와 미국 컬럼비아대 마틴 챌피 교수, 미국 샌디에이고 캘리포니아대 로저 첸 교수 등 3명을 2008년 노벨 화학상 공동 수상자로 선정했다고 밝혔다.

"시모무라 박사는 자체적으로 초록색 형광을 내는 단백질(GFP)을 처음 발견한 업적을, 챌피 박사와 첸 박사는 이 형광 단백질을 다양한 생물학 실험에 활용할 수 있는 방법을 확립한 공로를 인정받았다". 시모무라 박사는 1960년대에 북아메리카 서해안에서 발견되는 해파리의 일종인 아름다운 젤리고기인 '에쿼리아 빅토리아'에서 GFP를 최초로 추출했으며, GFP가 자외선 아래에서 초록빛을 낸다는 점도 알아냈다.

그로부터 30년이 흐른 후 챌피 교수는 특정 단백질의 유전자에 GFP 유전자를 붙이면 초록색을 띤다는 것을 규명했다. 특정 단백질이 작용하는 위치와 시기, 양 등을 현미경으로 확인할 수 있고 단백질의 기능도 유추할 수 있게 됐다. 또 첸 교수는 GFP 유전자를 변형시켜 초록색뿐 아니라 청록색, 노란색 등 여러 색을 낼 수 있게 했다. 한번에 여러 단백질의 기능을 연구할 수 있는 기반을 마련한 것이다. 이때부터 녹색형광단백질은 현대 바이오과학에 가장 유용한 툴로 사용되어 왔다. GFP는 생체 안에서 일종의 표지 역할을 하는데, 유전자 분석 기술의 발전과 더불어 과학자들은 '빛나는 표지(glowing marker)'인 GFP가 붙은 단백질들이 어떻게 움직이는지, 어떻게 상호 작용을 하는지를 규명하는 수단을 갖게 됐다. 예를 들어 특정 기능을 가진 유전자를 생물에 주입한 뒤, 어디에 들어갔는지, 제대로 작동하는지를 꼬리표인 형광단백질의 빛을 통해 파악할 수 있는 것이다. 생물체에는 수십만 가지의 단백질이 살아 움직이고 이들은 수분 안에 아주 중요한 화학적 과정들을 제어한다. 만약 이러한 단백질들의 기계적 기능이 망가지면 바로 질병들이 뒤따른다. 따라서 GFP는 우리 몸 안의 서로 다른 단백질들의 역할을 매핑 하는데도 중요한 역할을 한다.

현재 GFP 기술은 알츠하이머병 환자의 뇌에서 신경세포가 어떻게 파괴되는지, 암세포가 어떻게 퍼지는지 등을 추적하는 수단으로 발전했다. 형광을 내는 단백질 유전자를 조작하여 식물에 주입하면 밤에도 빛을 발하는 발광 식물을 만들기도 하고 유전자 재 프로그램을 가하면 화생방전이나 가스가 발견 시 색깔이 바뀌는 식물도 만들기도 한다. 미국 국방성은 이를 테러전에 사용하고자 이미 감지식물을 개발하기도 했다. 또한 다양한 색을 발하는 물고기를 만들어 어항이나 저수지에서 빛을 발

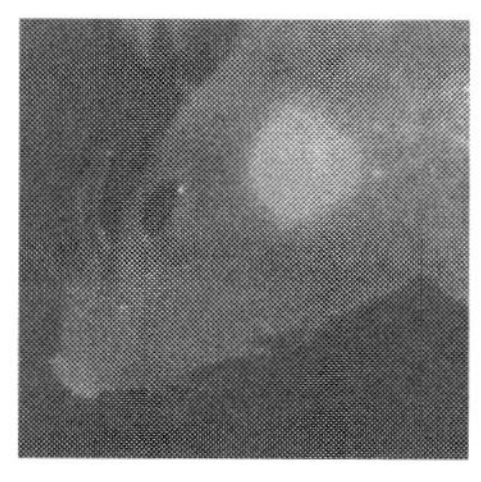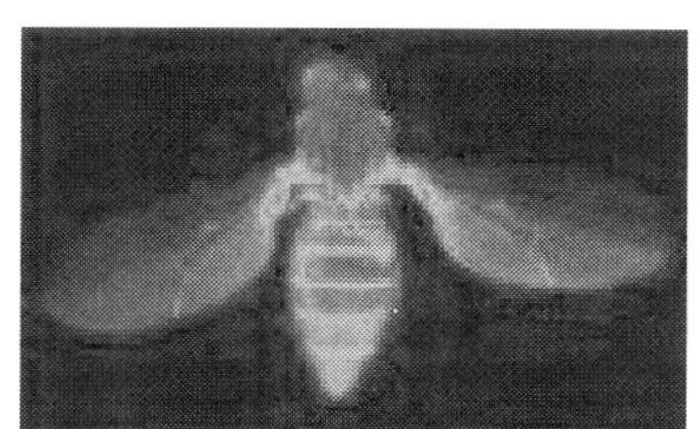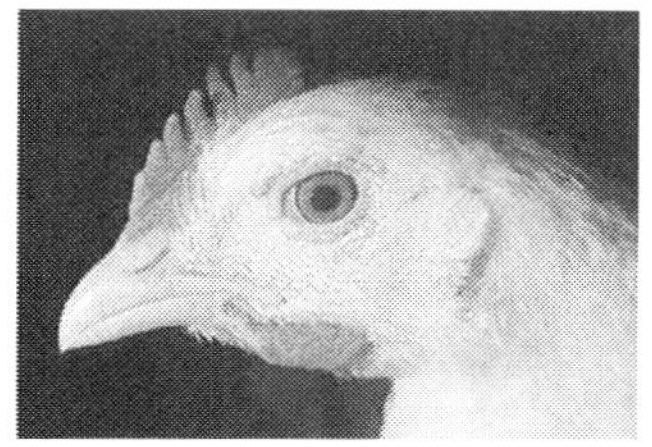

각종 GFP '빛나는 표지'

광하는 물고기들이 유영하기도 한다. 이 형광 단백질 유전자를 인간에 주입하면 어떻게 될까? 밤에도 형형색색으로 번쩍이는 인간들이 여기저기서 활보하는 유령의 도시가 되지는 않을는지 걱정이 앞선다.

그러면 빛과 생명은 어떤 관련이 있는 것일까? 사람들은 생명의 근원을 밝히고자 많은 노력을 기울이고 있지만 생명의 본질이 되는 그 무엇을 잘 설명해주지 못한다. 생물학자들조차 생명은 '움직이는 것' '복제와 발현' 'DNA와 RNA' 등으로 풀어서 설명한다. 하지만 생명의 실체를 보여주지는 못하고 있는 실정이다. 성경에서 '생명은 빛이라'이라 설명하고 있고, 과학적으로 연관하여 생명의 빛을 찾고자 많은 노력을 기울이고 있는 셈이다.

자연계에는 네 가지 기본적인 힘, 중력, 전자기력, 강력, 약력이 존재한다. 그런데 **이들 힘의 상대적인 크기는   '강력 〉전자기력 〉약력 〉중력'**

의 순이다. 그런데 이들 힘은 운반자 요소와 물질 요소로 구성 되어있다. 물질은 원자, 그 속에 원자핵, 또 그 속에 작은 소립자들로 구성되어 있다. 쿼크와 렙톤들이다. 그리고 운반 요소는 중력자(중력), 광자(전자기력), 위크 보존(약력), 글루온(강력) 등이다. 예를 들어, 달이나 별들이 우주를 움직일 수 있는 힘은 중력, 전등불이 켜지는 것은 전자기력이다. 그런데 중력의 운반자는 중력자, 전자기력의 운반자는 광자, 그리고 약력과 강력의 운반자는 각각 위크보손과 글루온이다. 여기서 전자기력의 운반자 광자는 영어로 포톤(photon) 즉, 빛을 말한다. 마찬가지로 중력자, 위크보손, 글루온도 광자와 유사하다. 그렇다면 생명의 빛, 원자는 중심에 핵이 있고 핵 속에 양성자나 중성자 등이 있으며 양성자, 중성자 그 속에 더 기본 입자들(이것들을 소립자라고 말함)이 들어 있다. 우리는 이것을 '핵심(核心)'이라고 말한다. 핵심이란 가장 중요한 그 무엇이 아닌가! 가장 중요한 것이 핵의 중심에 들어있는데 그것이 바로 생명의 빛이다. 즉, 다시 말하면 생명의 빛이 원자 핵 중심 깊은 곳에 들어 있

〈표 2〉 소립자의 종류와 분류

1. 물질입자(Fermion);	Quark(쿼크) – up, down, charm, strange, top, bottom
	Lepton(경입자) – 전자, 뮤온, 타우, 전자중성미자, 뮤온중성미자, 타우중성미자
2. 운반자입자(Boson);	게이지입자(광자, 중력자, 위크 보존, 글루온)

〈표 3〉 여러 가지 힘의 성질

힘의 종류	운반자 입자	힘의 범위
중력	중력자	∞
전자기력	광자	∞
약력	위크보존	$\leq 10^{-18}m$
강력	글루온	$\leq 10^{-15}m$

는데, 마치 양파 잎을 벗기기 시작하면 계속해서 속잎이 나오고, 벗기고 또 벗기면 마지막 생명의 작은 씨앗을 그곳에서 발견해 낼 수 있는 것이다.

양자 역학

20세기에 이루어진 물리학의 발견 중 아인슈타인의 상대성이론과 함께 양자역학(quantum mechanics)이다. 이것은 분자나 원자, 소립자 등의 미시적 세계의 역학을 다루는 학문으로 원자나 분자, 나노 단위의 극미 세계를 다룰 수 있는 것도 양자역학 덕분이라 할 수 있다. 자연계에는 만유인력, 전자기력, 강한 핵력, 약한 핵력 등의 네 가지 힘이 존재하는데, 우리가 주로 접하는 세계는 뉴턴의 고전 역학으로 설명하고 잘 보이지 않지만 분명히 존재하는 양자역학으로 설명이 가능하다.

양자역학은 어떤 양을 측정해도 알 수 없기 때문에 '확률'로 말한다. 예를 들어, 고전 물리학에서는 고양이가 죽었거나 아니면 살아 있거나 둘 중에 하나지만, 양자역학에서는 고양이가 죽은 상태와 살아 있는 상태가 섞여 있다고 말하는 것이다. 하지만 아인슈타인은 "신은 주사위 놀이를 하지 않는다."고 말하며 확률론, 양자역학을 끝까지 받아들이지 않았을 정도였다. 아인슈타인의 반론에도 불구하고, 양자역학은 여러 실험으로 증명되었고 이후 미시 세계를 지배하는 법칙으로 인정받아 원자, 핵, 분자 물리와 화학의 진보에 크게 기여해왔다. 산업계에 유용한 새로운 물질을 제공하는 중요한 이론인 물성물리학 분야에서 전도체와 부도체를 구별하고, 반도체의 특성을 해명해 근대 산업기술의 발전을 이룬 것도 양자역학이다. 이러한 양자역학을 간단하게 정리하면 다음과 같다.

1. 파동 + 입자(wave +particle)
   자연현상에 대한 파동과 동시 입자현상을 상보적으로 표현한다.
2. 수학 + 물리학(mathmatical + physical)
   물리적 에너지에 대한 운동학적 현상을 수학(미분방정식)
3. 복소수(실수 + 허수)(real+imaginary)
   보이는 세계와 보이지 않는 세계까지 포함한다.
4. 산술 → 연산(mathematic → operating)
   산술적 계산이 아닌 연산적 계산으로 이루어진다.
5. 확정 → 확률(decization → probablity)
   확정적이 아니라 확률적으로 나타난 현상이다.

슈뢰딩거 고양이

한국인 과학자가 양자역학의 오랜 숙제 중 하나인 사고실험(thought experiment)인 '슈뢰딩거의 고양이'를 실현하는 데 성공했다. 호주 퀸즐랜드대 양자컴퓨터기술센터 정현석 박사는 프랑스 남파리대학 필립 그랜지어 교수팀과 공동으로 세계 최초로 '슈뢰딩거의 고양이 상태'를 만들어내는 데 성공했다. 그의 연구는 권위 있는 과학저널인 '네이처'에 게재되었는데, 연구에서 이론적 틀을 제공한 정 박사는 서강대 물리학과를 나와 영국 벨파스트 퀸즈 대학에서 물리학 박사를 취득한 뒤 호주 퀸즐랜드 대학에서 연구원으로 활동하고 있다.

　슈뢰딩거의 고양이는 양자역학을 구축한 물리학자 중 한 명인 에르빈 슈뢰딩거가 양자의 이중성을 설명하기 위해 만들어낸 사고실험을 말한다. 밀폐된 상자 안에 정확히 1분 뒤에 독약이 살포될 수 있는 장치와 고양이를 함께 넣어놓는다. 1분 뒤 고양이는 죽었을까 살았을까? 정확히 1분이 지난 뒤의 고양이 상태는 죽었을 수도 살았을 수도 있다. 양자역학에서의 정답 역시 반은 살아 있고 반은 죽었다란 것이다. 상자를 열어 확인하기 전까지는 안의 상태를 모른다는 것이다. 즉 상태에 대한 정답은 확률로만 보여줄 수 있다는 것을 증명하는 것이 슈뢰딩거의 고양이 실험이다. 이는 양자역학 또 하나의 핵심이론인 '하이젠베르크의 불확정성 원리'를 보여주는 중요한 사고 실험이기도 하다. 이 같은 어려움 때문에 지금까지 슈뢰딩거의 고양이를 실험하는 데 성공한 학자들은 없었다. 정 박사가 포함된 연구팀은 이에 먼저 광자를 만들어낸 다음 거울로 광자 빔을 둘로 나누고 이 중 하나에 특별한 광학적 측정을 가해 다른 한쪽에 슈뢰딩거의 고양이 상태가 만들어지도록 했다. 이 방법을 통해 연구팀은 거시적으로 뚜렷하게 구별이 가능한 양자 중첩 상태를 만들어내고 측정하는 데 성공했다. 정 박사는 "빛의 슈뢰딩거 고양이 상태는 양자역학의 근본 문제를 검증한다는 것과 양자정보기술에 적용할 수 있다는 것 두 가지 측면에서 중요하다"며 "특히 이번 연구는 양자정보처리 기술 발전에 기여할 수 있을 것"이라고 말했다.

　슈뢰딩거 고양이 실험의 예로 독약 병이 들어 있는 상자 안에 고양이를 가둔다. 그리고 반감기가 40초인 원소를 함께 넣어두고, 그 원소가 붕괴하면 독약 병에서 독약이 나와 고양이가 죽게 만들어 놓는다. 40초가 지난 뒤 그 원자는 붕괴했을 수도 있고 안했을 수도 있다. 하지만 붕괴했을 확률은 50%. 이때 상자 안에 갇혀있던 고양이는 죽었을까? 살았을까?

양자역학적 확률로 정답은 고양이는 살아 있을 가능성과 죽어 있을 가능성은 각각 절반이다. 상자를 열었을 때, 고양이가 살아 있었다면 죽어 있을 가능성은 ZERO, 죽어 있었다면 살아있는 확률이 ZERO가 분명하다. 그럼에도 불구하고 두 가지 가능성이 공존한다.

또 다른 슈뢰딩거의 고양이 예로 유명한 일화가 있다. 광자(빛의 입자)를 발사하는 기계 앞에 반 도금(semi-coating) 되어 있는 거울이 있다. 그리고 그 거울 앞에는 빛을 감지하는 센서가 달린 권총이 있고 권총은 고양이를 겨누고 있다. 이런 상태에서 광자 하나를 거울 쪽으로 날려 보냈다. 그러면 아까 거울은 반만 도금된 상태이므로 광자는 거울에 반사 될 수도 있고 통과할 수도 있다. 통과 되면 고양이는 죽는 것이고, 반사되면 고양이는 살게 되는 것이다. 이 상황에서 고양이의 운명은 어떻게 될까? 죽을 수도 있고 살 수도 있을 것이다. 즉 고양이는 죽지도 않고 살아 있지도 않는 중첩상태에 빠지는 것이다. 즉 고양이의 죽음과 삶이 동시에 나타날 수 있다는 뜻이다.

생각해보기

1. 흑체복사(blackbody radiation)를 설명하라.

2. 빛이 '파동과 입자'라는 말의 의미가 뭘까?

3. '슈뢰딩거 고양이'는 무엇인가?

4. 아인슈타인은 '신은 주사위 놀이를 하지 않는다' 하였는데 그 뜻은?

5. '빛으로 말하는 현대물리학(고야마 게이타)'을 읽고 느낀 점을 써라.

제2장

시간의 과학

차원이란?

차원이란 무엇일가? 1차원은 선, 2차원은 면, 또한 3차원은 2차원(면)이 모여서 공간을 말한다. 흔히 지금 우리가 살고 있는 차원이 3차원이라고 한다. 그렇다면 4차원은 3차원 공간에서 시간을 더해진 것을 말한다. xyz 축에 시간 축을 하나 더 넣은 것이다. 책상 위에 어떤 물건이 있다. 시간이 1시간 지났다. 그 물건의 모양은 1시간 전과 비교했을 때 3차원 상 100% 똑같다. 그러나 4차원의 좌표에 시간이 더해지므로 책상에 물건이 달라져 있을 수 있다. 1차원 2차원 3차원 4차원. 더 나아가 5차원, 6, 7, 8차원이 존재한다면… 호킹박사는 우주의 차원은 11차원까지 존재한다고 하였다.

2차원적 동물인 개미는 3차원을 인식하지 못한다. 그들은 오직 면으로 된 길을 왔다 갔다 하면서 먹이를 찾으러 다닌다. 하물며 4차원에 사는 우리 인간을 개미는 도저히 이해할 수 없는 것이다. 신의 세계는 4차원 이상, 어쩌면 호킹이 말하는 11차원 이상의 세계일지도 모른다. 그러나 4차원 우리 사람이 신을 잘 이해하는 것은 불가능한 일 아닐까? 우리는 미래를 알 수 없다. 잠시 후에 발생할 어떤 일도 알아차릴 수 없는 것이다.

4차원의 세계는 시간을 포함하는 세계다. 누군가 이 시간을 가리켜 쏘아놓은 화살 같다고 말하였다. 왜냐하면 시간은 언제나 미래로만 흐르고 멈추게 할 수는 없기 때문이다. 기원전 3000년경, 이집트 사람들은 해돋이 직전, 동쪽하늘에 나타난 큰개자리의 시리우스를 보고 나일강의 물이 불어날 징조를 알았다고 한다. 1년을 범람기, 회복기, 건조기 등으로 구분 농사를 지었다. 한편, 고대 이집트와 바빌로니아에서도 마찬가지로 농경을 주로 하였는데 다양한 별과 태양과 달의 운행을 자세히 관찰하여 1년을 365일로 나누고 360일과 5일로 구분하였으며, 360일은 천공의 분할과 각도로, 그리고 5일은 마지막 달에 첨가하였다.

오늘날 1년은 365일이다. 하루 24시간, 1시간 60분, 1분 60초, 이처럼 1초가 아주 작지만 Cs(세슘: 133) 원자의 진동주기의 9,192,631,770배의 크기로 정하여졌다. 그러면 1초란 시간은 사람 누구에게나 동일한 시간일까? 물론 물리적으로 동일하다. 하지만 사람에 따라 어떻게 사용하느냐, 어떻게 느끼느냐에 따라 다를 수 있다. 이것을 시간의 상대성라고 말하는데 한 유대인 재봉사는 그의 친구한데 이를 이렇게 설명하였다고 한다.

"네 무릎에 할머니가 1분 동안 앉아 있었다고 해봐. 1분이 1시간으로 느껴질걸? 그리고 네 무릎에 젊고 아리따운 여자가 앉아 있다면, 1시간을 앉혀 놓아도 1분 같게 느껴질 거야."

그리고 아인슈타인은 시간을 이렇게 설명했다고 한다. 지금 우리들 시간은 미래로 흘러간다. 그것은 지금 우주가 팽창하고 있기 때문이다. 우주가 팽창을 한다면 마치 고무풍선이 부푸는 것과 같다. 그런데 풍선은 부풀다가 언젠가 멈출 수도, 또는 거꾸로 수축하게 될지 모른다. 만일 고무풍선 위에 그림을 그려 놓는다면 풍선이 부풀수록 그림은 점차 희미해질 것인데, 질서에서 혼돈 방향으로 우주는 역 진행하게 되기 때문이다.

그렇다면 시간을 거꾸로 흐르게 하는 방법은 없을까? 시간을 흐르지 못하게 붙잡아둘 수는 없는 것일까? 빛은 빠르다. 1초에 지구를 7바퀴

반을 돌 만큼… 그리고 이 빛은 우리가 아무리 노력해도 절대 따라잡을 수 없고 변하지 않는다. 우리는 이를 아인슈타인의 상대성이론에서 배운다. 그런데 만일 우리가 광속을 가진다면 우선 시간이 무한대로 늘어나게 된다. 결국 우리들도 늙지도 않고 영원히 살게 될 것이다. 뿐만 아니라 미래, 한 방향으로만 흐르는 시간은 과거, 현재, 미래 어느 방향으로 흐르는 **타임머신**이 되는 것이다.

광속도 불변

19세기 말에는 빛의 본성이 파동인가 아니면 입자인가라는 문제가 큰 이슈였다. 어떤 대상도 파동인 동시에 입자일 수는 없었기 때문이다. 그리고 빛이 전자기파의 일종이라고 밝혀지면서 빛의 본성을 분명히 알았다고 생각되었다. 그러나 빛이 파동이라면 꼭 존재하여야만 하는 빛의 매질이 무엇인가라는 의문에 대한 대답이 절실히 필요하였다. 그리고 빛은 우주 전체를 통하여 진행하기 때문에 빛의 매질은 우주의 전 공간을 꽉 채우고 있어야만 하였다. 그런데 무엇이 빛의 매질인지 좀처럼 알 수 없다는 데 문제가 있었다.

사람이 헤엄을 칠 때, 강에서 헤엄칠 때와 호수에서 헤엄을 칠 때 속도가 달라진다. 그것은 강에서는 호수와 달리 물의 흐름이 있기 때문이다. 강물의 유속에 따라 헤엄치는 속도에 영향을 주는 것이다. 그런데 여기 호수에 두 배가 놓여 있다. 하나의 배는 노를 저어 움직이고 다른 배는 그 자리에 멈춰 서있다. 마침 출발하는 순간 돌을 던져 호수 가운

데 물결파를 만들고, 얼마 시간이
지난 후 두 배에서 각기 물결파의
움직임을 관찰하여 보았다. 물결 모
양이 달라져 있었다(그림 참조). 그
리고 이번에는 배가 움직이는 순간
같은 방법으로 섬광의 빛을 터트려
퍼지게 하였다. 그랬더니 이번에 빛
의 모습은 물결과 전혀 달리, 두 배
에서 각기 다른 섬광을 터트린 모양
으로 나타났다. 왜 그럴까? 정지한
배와 움직이는 배에 관계없이 빛은
동일한 속도로 퍼져나가고 있음을
보여주는 것이다. 즉, 빛은 정지계
(system)나 운동계에 관계없이 동일
한 속도를 갖고 있다는 뜻이다.

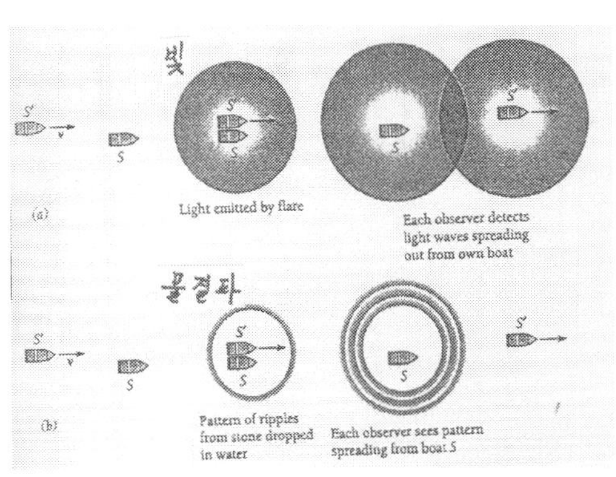

빛과 물결파

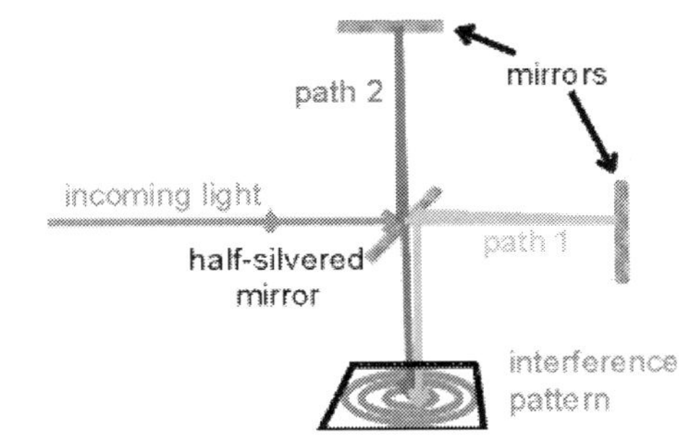

마이켈슨 - 몰리 실험

　　강과 호수에서 헤엄치는 속도가
달라지는 것은 강물의 유속 때문이라는 것을 알고 있다. 즉, 강물처럼
유속이 있다면 속도에 변화를 준다는 것이 평범한 진리를 알고 있는 것
이다. 그렇다면 빛의 경우는 어떠한가? 사람들은 이러한 현상이 빛의 경
우에도 나타날 것으로 생각하였다. 그래서 사람들은 빛의 매질을 찾으려
고 여러 가지 실험을 하였다. 빛의 매질은 분명히 존재할 것이므로 그
이름도 "ether 에테르"라고 미리 가상하여 명명하여 두었다. 그 중에 대

표적인 것이 위의 그림과 같은 마이켈슨과 몰리의 실험이다. 마치 배가 강물이 흐르는 방향으로 움직일 때와 강물이 흐르는 방향과 가로질러 움직일 때를 비교하면 겉보기 배의 빠르기가 다를 것임에 착안하여 마이켈슨과 몰리는 빛이 매질이 흐르는 방향과 같은 방향으로 움직일 때와 매질이 흐르는 방향과 가로질러 움직일 때 빛의 빠르기가 어떻게 되는지 측정하고자 하였다. 여기서 에테르 내부를 지구가 움직이면 지구 주위에 에테르가 꽉 차 있는 에테르가 강물처럼 흐를 것이라고 보았다. 그러나 이 실험은 예상한 결과를 얻지 못하였다. 만일 빛의 빠르기가 조금이라도 다르면(몇억 분의 일이라도) 간섭무늬가 나타나야 하는데 전혀 나타나지 않은 것이다. 마이켈슨은 단지 실망하고 지나쳐 버렸다. 그러나 이 실험이 비록 예상한 결과를 주지는 못하였지만 자연의 중요한 진리를 보여주는 것으로 생각한 사람들도 있었다. 다시 말해 흐르는 강물에서 움직이는 배와는 달리 에테르라는 강물을 지나가는 빛은 강물이 흐르는 방향으로 진행하든 또는 흐르는 방향과 직각으로 진행하든 똑같은 속력으로 간다는 것이다. 이것을 광속은 일정하다는 결론이다.

자연과학에 관심이 있는 사람이라면 '광속이 일정하다' 또는 '빛의 속력이 일정하다'라는 말을 흔히 듣는다. 이 말의 뜻이 매질에 관계없이 즉 공기 중에서나 물속에서나 또는 유리 속에서나 빛이 일정한 빠르기로 움직인다는 말은 아니다. 실제로 빛의 속력은 진공을 진행할 때와 물속을 진행할 때 그리고 유리 속을 진행할 때 모두 다르다. 빛이 프리즘에서 굴절하는 이유가 바로 공기 중에서와 유리 중에서 빛의 속도가 다르기 때문이다. 빛의 속도는 유리 속에서 색깔에 따라서도 다르기 때문에 프리즘을 통과한 빛은 여러 색깔로 나뉘게 된다. 위의 마이켈슨 몰리 실험에서 확인한 광속이 일정하다는 것은 우리가 상식적으로 생각해서는 도저히 이해할 수 없는 모양으로 빛의 속력이 일정함을 알려준다.

예를 들면, 기차가 시속 100km로 달리고 있다고 하자. 이것은 땅에 가만히 서서 기차의 빠르기를 보면 시속 100km라는 의미이다. 그런데 만일 내가 자동차로 기차를 쫓아가면서 기차의 빠르기를 측정하면, 예를 들어 내가 기차를 쫓아가는 자동차의 속력이 시속 50km라면, 자동차를 탄 사람이 본 기차의 속력은 시속 50km가 된다. 만일 내가 기차가 가는 반대방향으로 자동차를 타고 가면서 기차의 빠르기를 측정하면 기차의 속력은 시속 150km가 될 것이다. 그런데 빛은 내가 쫓아가면서 측정해도 서서 측정했을 때와 마찬가지인 초속 30만 km이고 빛과 반대방향으로 가면서 빛의 속력을 측정해도 역시 초속 30만 km이다. 이것이 광속이 일정하다는 말의 의미다.

그리고 꼭 광속 c 만 그런 것도 아니다. 소위 속도의 덧셈법칙을 잘 모르고 있었던 것이다.

$$V = V_1 + V_2$$

예를 들어 지면에 대하여 속도 v_1으로 달리고 있는 기차 위에서 기차에 대하여 속도 v_2로 달리는 자전거가 있다면, 지면에서 본 이 자전거의 속도 v는로 되는 것이 우리가 알고 있는 속도의 덧셈법칙이고 위에서 자동차를 탄 사람이 기차가 가는 속력을 측정했을 때 이 덧셈법칙을 이

용하였다. 그러나 아인슈타인이 상대론을 수립한 후 밝혀진 올바른 속도의 덧셈법칙은

$$V = \frac{V_1 + V_2}{1 + \dfrac{V_1 V_2}{2}}$$

이다(이 식에서 c는 광속). 예를 들어 지면에 대하여 속도 v_1으로 달리고 있는 기차 위에서 기차에 대하여 속도 v_2로 달리는 자전거가 있다면, 지면에서 본 이 자전거의 속도 v는로 되는 것이 우리가 알고 있는 것을 의미한다. 이 식의 v_1이나 v_2에 광속 c를 대입해 보라. 그러면 더한 결과는 항상 c이다. 그리고 만일 $v_1 = 0.5c$ 이고 $v_2 = 0.5c$ 라면 v는 c가 아니라 0.8c이다. 그래서 빛의 빠르기가 무슨 마술을 부린 것이 아니라 속도를 위와 같은 방식으로 더해야만 하는 것이었다.

마이켈슨몰리 실험 결과로부터 바로 올바른 속도 덧셈을 찾은 계기가 마련되었다. 참고로 아인슈타인 자신은 특수상대론을 구상할 때 마이켈슨몰리의 실험 결과를 모르고 있었다는 설도 있다. 사실은 마이켈슨몰리 실험이 아니고도 빛의 속력이 일정하다는 증거가 여러 곳에서 나타났다. 가장 중요한 것이 맥스웰의 전자기 이론이었다. 좀 어려운 이야기이지만 맥스웰 방정식이 전자기파가 진행하는 이론을 보여주는데 그 식에서는 전자기파의 속력이 단순히 공간의 성질을 나타내는 상수로 표현되었고 그 상수를 계산하면 바로 초속 30만 km와 일치한다. 즉 전자기파의 속력을 나타낸 식에 누가 그 전자기파를 관찰하느냐에 대한 정보는 조금

도 들어가 있지 않았다. 그러니까 빛의 속력은 누가 관찰하든 똑같은 광속 c이어야지만 되는 것이다. 광속이 일정하다는 사실로부터 알게 된, 어떤 물체의 속도가 그 물체를 관찰하는 사람의 운동상태(관찰자의 속도)에 관계없이 똑같아야 한다는 명제는 종래에 알고 있던 공간과 시간의 개념 아래서는 도저히 이해할 수가 없었다. '광속이 일정하다'라는 것이 잘못되었든 또는 공간과 시간의 개념이 잘못되었든 두 가지 중 한 가지는 포기하여야만 하였다. 많은 사람들은 광속이 일정하다는 점에 대한 진위를 좀 더 살펴보아야 한다고 생각하였지만 아인슈타인은 광속이 일정한 것이 자연의 더 기본이 되는 측면이라고 생각하고 공간과 시간의 개념을 바꾸어 광속이 일정할 수 있는 방법을 찾았다.

아인슈타인은 공간과 시간이 서로 연관된 것으로 보았다. 그렇게 논리적인 추구를 통하여 광속이 일정할 수 있는 체계를 세웠더니 그 결과로 광속만 일정하게 될 뿐 아니라 여러 가지 당시로는 이해할 수 없는 현상이 가능하여야만 되었다. 그 중 대표적인 것이 질량과 에너지가 같아야 한다든지 관찰자에 따라 막대의 길이가 달라진다든지 관찰자에 따라 두 사건이 일어난 시간 간격이 달아진다든지 하는 등의 예언이었다. 이 놀라운 예언들이 결국 모두 사실임이 밝혀졌다. 2차 세계대전을 종결시킨 원자폭탄도 바로 이 예언의 결과였다.

특수, 일반상대성 원리

아인슈타인의 상대성 이론은 특수 상대성 이론과 일반 상대성 이론으

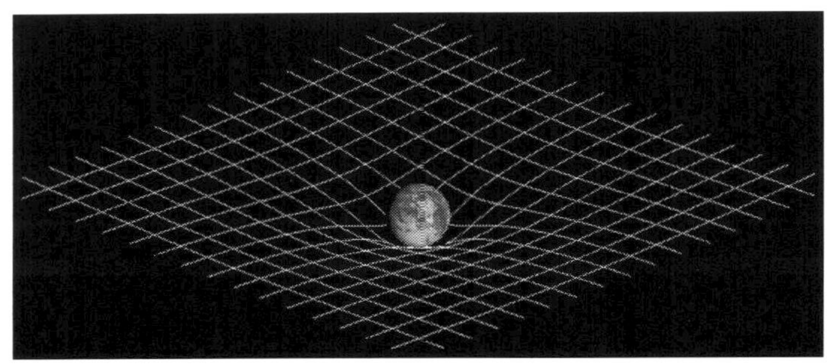

일반 상대성 이론에서 묘사된 시공의 곡률을 2차원으로 표현한 그림

로 나뉜다. 상대성 이론은 전자기파가 뉴턴의 운동 법칙에 맞지 않는 것을 설명하기 위해 만들어졌다. 전자기학에서 전자기파의 속도를 계산할 수 있는데, 이렇게 구한 전자기파의 속도는 관측자의 상대 운동과는 관계없이 상수 값이 된다. 상대성 이론에서는 서로 다른 상대 속도로 움직이는 관측자가 같은 사건에 대해 서로 다른 시간과 공간에서 일어난 것으로 측정하며, 그 대신 물리 법칙의 내용은 관측자 모두에 대해 서로 동일하다고 생각한다. 이것은 상대성 이론에서의 핵심이기도 하다.

특수 상대성 이론은 시공의 구조에 대한 것이다. 아인슈타인은 1905년의 운동하는 <물체의 전기역학에 대하여(Zur Elektrodynamik bewegter Körper)>라는 논문에서 특수 상대성 이론을 처음으로 선보였다. 특수 상대성 이론에서는 관성 좌표계의 관측자가 자신의 "절대 운동"을 실험적으로 측정해 낼 수 없다고 생각한다. 또한 진공에서의 빛의 속도가 관성 좌표계에 있는 관측자 모두에 대해 동일하다고 가정한다.

특수 상대성 이론의 강력한 점은 이론을 유도해 내는 데 다음의 단 두 가지 가정만이 필요하다는 것이다:

- 진공에서의 빛의 속도는 초속 299,792,458미터로, 변하지 않는다.
- 모든 관성 좌표계에 있는 관측자에 대해 물리 법칙은 동일하다.
  위 두 가정은 고전역학에서는 모순이다. 이로부터 유도된 상대성 이론은 여러 놀라운 결과를 낳았다.
- 시간 지연: 움직이고 있는 관찰자의 시계는 정지해 있는 사람보다 시계가 느리다.
- 길이 축소: 관찰자의 눈에 움직이는 물체는 관찰자의 눈에 비친 움직이는 방향으로 짧아져 보인다.
- 질량의 증가: 관찰자 눈에 따라 질량은 증가한다. 즉, 움직이는 계에서 질량은 정지계에서의 질량보다 증가한 형태로 나타난다.
- 질량 에너지 등가: $E = mc^2$ 공식에 의해 에너지와 질량(물질)은 등가로 변환이 가능하다.

특수 상대성 이론의 가장 큰 특징은 고전역학의 갈릴레이 변환을 로렌츠 변환으로 대체한 것이다. 일반 상대성 이론은 1916년에 아인슈타인이 발표하였다. (먼저 프로이센 과학 아카데미에서 1915년 11월 25일에 제출) 일반 상대성 이론은 뉴턴의 만유인력 법칙을 대체하는 새로운 수식을 제시하는데, 이를 이용해 중력 현상을 설명하기 위해서는 미분기하학과 텐서라는 수학적 개념이 필요하다. 일반 상대성 이론은 특수 상대성 이론이 관성 좌표계의 관측자만을 다루는 데 반해 모든 기준계의 관측자가 동일하다고 놓는다. 물리 법칙은 관측자가 가속 운동을 하는 경우에도 모두 동일하게 적용된다. 중력은 시공간의 휘어짐으로 표현되는데, 이것은 곡률이 수학적으로 비 관성 좌표계와 동일하기 때문이다. 일반 상대성 이론은 질량과 에너지가 시공간을 휘게 하고, (빛을 포함한) 자유 입자들이 이렇게 휘어진 시공간 속에서 움직인다는 방식의 기하학적인 이론이다. 단 이러한 아인슈타인의 상대성 이론도 미시세계에서는 맞지 않는 부분이 있다. 즉 미시세계에서는 양자역학을 도입하게 되는 것이다. 아인슈타인은 생전에 미시세계에서의 상대성이론의 불일치를 부정하였다. 이때 나온 말이 그 유명한 "신은 주사위 놀이를 하지 않는다" 이다.

쌍둥이 패러독스

알파 켄타우로스는 지구에서 4.3광년 떨어진 별로 우주선으로 3만 년이 좀 넘게 걸린다. 1광년의 걸리는 약 9조 5천억 km로 우주여행을 마치고 지구로 돌아온 캐서린의 달력과 시계는 10년이 지난 2010년 1월, 캐서린의 나이는 30세였다. 근데 이게 웬일인가? 동생 제시카는 나이가 40이 되어 중년부인이 된 것이 아닌가. 그때 지구의 달력은 2020년. 언니는 30세의 처녀인데 동생은 40세가 되어 이미 고등학교 다니는 아이의 엄마다. **"Moving clocks run slow."** 움직이는 시계는 늦게 간다. 이런 현상을 시간의 지연현상(Time Dilation)이라고 한다. 광속의 불변과 시간의 상대성에서 기인한 현상이다. 우주선을 탄 캐서린의 시계의 시간을 t, 동생이 차고 있는 시계의 시간을 t', 우주선의 속도를 v, 그리고 빛의 속도를 c로 표시하면 캐서린의 시간과 제시카의 시간 사이에는 다음

같은 관계가 있게 된다.

$$t' = \frac{t}{\sqrt{1 - \dfrac{v^2}{c^2}}}$$

즉, 어떤 캐서린이 속도 v로 달리는 우주선을 타고 우주여행을 떠났다. 만일 우주선의 속도가 광속 c의 90%로 달렸을 때, 지구에 있는 제시카가 10년 지났을 경우 우주선 안에 있는 캐서린의 시간이 23년으로 늘어나게 된다. 지구에 있는 제시카보다 13년을 더 살 수 있는 셈이다. 그리고 만일 우주선이 광속의 99.999%로 20년 동안 우주여행을 마치고 지구로 돌아왔다면 지구는 2300년이 경과한 후가 된다. 또한 우주선이 광속 c로 달릴 수 있다면 사람은 영원히 늙지 않고 살게 될 것이다.

만일 우주선의 속도가 이 빛의 속도에 비하여 무시할 정도라면 캐서린의 시간은 제시카의 시간과 별 차이가 없다. 하지만 우주선의 속도가 빛 속도에 가까워질수록 두 사람의 시간차이는 크게 벌어진다. 영화 「Back to the Future」에서도 주인공이 과거로 시간여행에 관한 줄거리이다. 시간여행을 하다가 아버지와 사랑에 빠지기 전의 젊은 시절의 어머니를 만나게 된다. 게다가 젊은 시절의 어머니가 그에게 호감을 갖게 되면서 역사가 바뀔 뻔한다. 만약 그가 어머니와 아버지가 결혼하는 것을 방해했다면, 그는 태어날 수 없었을 것이다. 과거가 없는 사람이 된 것이다.

여기서 우주여행을 마치고 돌아온 쌍둥이 캐서린과 제시카의 나이를

생각하여보면 캐서린은 30세, 제시카는 40세, 이것은 상대론적 시간지연
식에 의해 나타난 현상이다. 캐서린은 제시카에 비교하여 젊게 나타났
다. 이것은 어디가지 제시카의 기준, 움직이는 기준계 S'에서 비교했을
때 나타난 현상이라 할 수 있다. 반대로 캐서린 입장에서는 어떤 결과가
나타날까? 제시카는 더 늙어 있었다. 이것은 지구에 남아 있는 제시카
입장에서는 본 결과이다. 다시 말해 정지계, 또는 운동계 입장에 따라
젊다거나 늙었다라는 평가가 달라지는 것이다. '절대적 기준계가 없다'
라는 뜻이다. 이런 현상을 가리켜 쌍둥이 패러독스라 부른다.

엠씨스퀘어, $E=mc^2$

$E=mc^2$

아인슈타인의 특수상대론을 대표하는 공식을 하
나 들라면 대부분 '$E=mc^2$'을 꼽을 것이다. 복잡한
과학 공식을 등장시키지 않은 스티븐 호킹의 저서
<시간의 역사>도 유일하게 이 공식만은 썼다는
일화는 유명하다. 그만큼 이 공식은 아인슈타인의
과학뿐 아니라 현대 과학을 대표한다. 아인슈타인
은 시간과 공간뿐 아니라, 질량도 상대적인 양으로 해석할 수 있음을 깨
달았다. 시간과 공간이 관측자들의 상대적 관계에 따라 달라질 수 있는
것처럼, 질량마저 상대적이라는 것이다.

일반적으로 질량은 물체가 지닌 고유의 양으로 무게를 정하는 기본
물리량이다. 상대론이 나오기 이전에는 질량이란 변할 수 없는 물리량이

었다. 그러나 아인슈타인의 상대론에서는 움직이면서 물체를 관측할 때에 질량은 원래보다 늘어나게 된다. 게다가 아인슈타인은 그 물체의 질량에 에너지가 담겨 있음을 과학 이론으로 밝혀냈다. 이 개념은 그동안 물질계를 바라보던 과학의 관점에 커다란 변혁을 가져왔다.

아인슈타인 이전까지는 물체가 움직일 때에만 운동에너지를 가지며 그 값은 물체의 질량과 속도로 결정된다. 당연히 정지 때엔 에너지가 없다. 하지만 상대론에서는 정지 물체에도 '정지질량'의 에너지가 주어지며, 이것은 운동하든 정지하든 물질과 에너지는 서로 바뀔 수 있음을 증명한 것이다. 공식 'E=mc²'은 에너지(E)가 곧(=) 질량(m)이라는 관계를 표현한 것이다. 그 에너지의 값은 질량에 빛 속도의 제곱(c, c=30만km/초)을 곱한 것이기에 엄청나다. 예를 들어 1g의 물질을 아인슈타인 공식으로 에너지로 바꿔보자. 그 에너지의 양은 한 달에 300KW(킬로와트)의 전력을 쓰는 1천 가구의 1년치 전력량과 맞먹는 어마어마한 값이다. 하지만 모든 물질이 단번에 에너지로 바뀌는 것은 아니다. 이런 변환을 이용한 대표 사례가 바로 '핵반응'이다. 핵반응은 우라늄처럼 무거운 원소의 핵이 쪼개지는 핵분열과, 수소처럼 가벼운 원소들의 핵이 합쳐져 무거운 핵이 되는 핵융합으로 나뉘는데, 두 핵반응에선 모두 작은 질량의 변화가 일어난다. 이때 사라진 질량은 그저 사라지는 게 아니라 엄청난 '핵 에너지'로 바뀌어 나타난다.

상대론적 에너지 법칙은 물체가 운동하게 됨에 따라 증가한 운동에너지는 그 질량, 즉 상대론적 질량 m에 포함되어 버리는 것을 알 수 있다. 한편 식에서 보듯이 질량을 에너지로 변환하는 데에는 빛의 속도 c의 제곱이 곱해져서 변환되므로 그 에너지는 실로 막대한 크기를 가지게 된다. 또한 운동에너지는 단순히 운동하는 효과에 의한 부분만을 말하므로 이 식을 표기하고 보면 정지하고 있는 물체도의 에너지를 가지고 있어 이를 '정지질량에너지'라고 한다. 그리고 전체 에너지는 이 정지질량에너지와 운동에너지를 합한 것으로 나타내어 다음과 같은 질량-에너지 등가 관계가 성립된다.

운동에너지

$$K = \int_0^r f dr = \int_0^r \frac{d(mv)}{dt} dr = \int_0^{mv} v\,d(mv) = \int_0^v v\,d\left(\frac{m_0 v}{\sqrt{1-v^2/c^2}}\right)$$

$$= \frac{m_0 v^2}{\sqrt{1-v^2/c^2}} - m_0 \int_0^v \frac{v\,dv}{\sqrt{1-v^2/c^2}} \quad [cf : \int x\,dy = xy - \int y\,dx$$

$$= \frac{m_0 v^2}{\sqrt{1-v^2/c^2}} + [m_0 c^2 \sqrt{1-v^2/c^2}]_0^v$$

$$= \frac{m_0 c^2}{\sqrt{1-v^2/c^2}}$$

따라서 상대론적 에너지

$$\therefore K = mc^2 - m_0 c^2$$

$v^2 c^2 << 1$일 때

$$K = mc^2 - m_0 c^2 = \frac{m_0 c^2}{\sqrt{1-v^2/c^2}} - m_0 c^2$$

$$= m_0 c^2 (1 - v^2 \operatorname{over} c^2)^{-\frac{1}{2}} - m_0 c^2$$

1) 비상대론(정지계)에 적용

$$\therefore K = \frac{1}{2} m_0 v^2 \left[cf : (1 \pm x)^p \approx 1 \pm px,\ x < < 1 \right]$$

2) 모든 입자에 적용

$$E^2 = m_0^2 c^4 + p^2 c^2, \quad \therefore E = \sqrt{m_0^2 c^4 + p^2 c^2}$$

3) 질량이 없는 입자

$$E = pc$$

웜홀(Wormhole)

'웜홀(worm hole)'이란 영어로 '벌레구멍'이라는 뜻을 지닌 천체이다. 블랙홀 화이트홀과 더불어 우주의 세 구멍 중 하나다. 블랙홀과 화이트홀이 동전의 앞면과 뒷면, 흡입구와 방출구라 한다면 웜홀은 입구와 출구를 연결해 주는 통로에 해당한다. 블랙홀을 창시한 휠러 박사는 블랙홀 화이트홀의 지평면 내부를 잘라내어 연결시키는 방법을 생각했다. 이때 블랙홀과 화이트홀 중간 통로인 웜홀을 생각하기에 이르렀는데 이때 블랙홀의 입구가 과거라면 화이트홀 출구는 미래가 되고, 이와 반대로 블랙홀이 미래라면 화이트홀은 과거로 된다. 그런데 이 두 세계를 연결하는 통로는 '웜홀'를 반드시 거쳐야하는 것이다. 웜홀 안은 과거와 현재 미래가 구별 없는 타임머신 세계가 된다. 웜홀은 정말 존재하는 걸까? 존재한다면 그 속은 어떤 곳일까? 사람이 그 속에 들어간다면 살아서 빠져나올 수 있을까?

1988년, 미국 캘리포니아 공과대학의 손박사 팀이 '웜홀'을 이용하여 '타임머신 여행'을 발표하였다. 여기 '웜홀'의 세계에서 그림처럼 우주선이 지날 수 있는 안으로 '웜홀'이 있고, 밖으로 입구 A, 입구 B가 있다 하자. 우주선이 밖으로 A에서 출발 B로 이동한 후, '웜홀' 안을 통과해서 B에서 A로 이동하여 다시 A에 도착하였다면, 도착한 A에는 B보다 시간이 늦어 과거로 돌아갈 수 있게 되는 셈이다.

또 한 가지 웜홀에 관하여는 빅뱅에 의해 우주가 대폭발을 할 때, 이어서 부모우주는 아들우주로, 또한 아들 우주는 손자우주로 계속하여 폭발을 일으켜 간다. 이렇게 만든 것이 대은하, 중간은하, 소은하이다. 그런데 이때 부모우주와 아들우주, 손자우주는 끈으로 연결되어 있다. 마치 갓 태어난 아기가 부모와 탯줄로 연결된 것처럼… 그 끈은 부모와 아들과 손자를 이어주는 연결 통로이다. 우주에서 이 통로, 공간을 웜홀이라 부른다. 또한 블랙홀과 화이트홀을 연결하는 통로역시 이 웜홀과 같다. 이 공간역시 과거와 현재 미래가 통하는 타임머신의 공간이다.

영화 「Back to the Future」은 주인공이 과거로 시간여행을 갔다가 아버지와 사랑에 빠지기 전의 젊은 시절의 어머니를 만나게 된다. 게다가 젊은 시절의 어머니가 그에게 호감을 갖게 되면서 역사가 바뀔 뻔한다. 만약 그가 어머니와 아버지가 결혼하는 것을 방해했다면, 그는 태어날

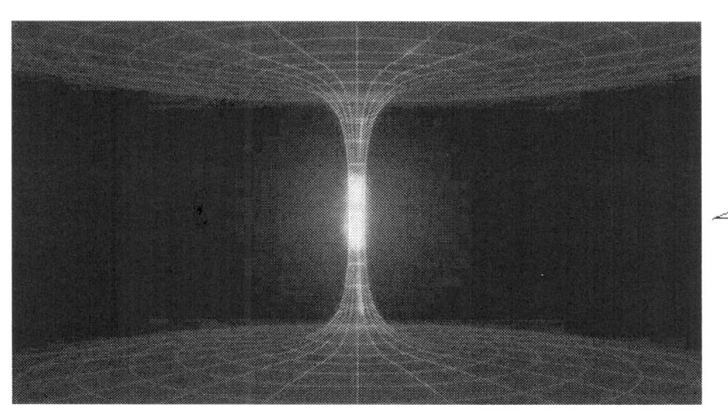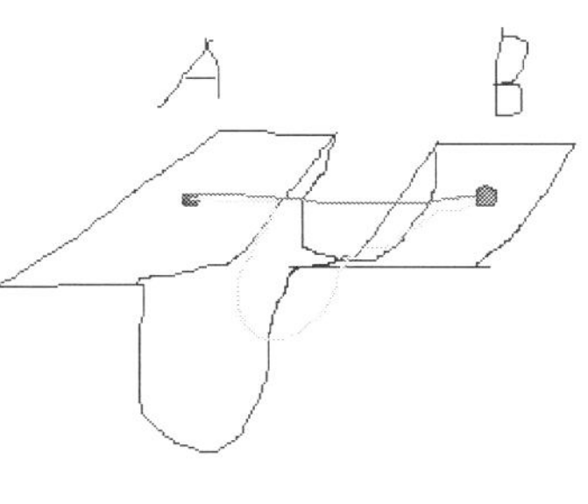

웜홀(wormhole)과 타임머신 모형

수 없었을 것이다. 두 번째, 과거가 없는 사람이다. 다시 말해서, 원인이 없는 결과를 얻을 수 있다. 어떤 과학자가 공부를 열심히 해서 세계 최초로 타임머신을 만들었다. 그는 그 타임머신을 타고 과거로 돌아가 다시 공부를 하지 않는 '농땡이' 학생이 되었다. 그래서 그는 훌륭한 과학자도 될 수 없었다. 그렇다면 타임머신을 만든 사람은 누가 되는가? 이런 복잡한 유형의 머리를 아프게 하고 헷갈리게 하는 로버트 하인라인의 단편소설 「All you Zombies」이다. 이 소설의 내용은 주인공 소녀인 제인, 그녀 자신이 그녀의 어머니이자 아버지가 되는 아주 복잡한 내용이다.

별 가운데 북두칠성은 지구로부터 100광년 떨어진 별이다. 북극성은 800광년, 안드로메다는 200만 광년, 그리고 가장 먼 별, 퀘이사(Quasar)는 100억 광년 이상 멀리 떨어진 천체들도 있다. 그런데 지구로부터 불과 8광분 거리에 있고, 달은 불과 1.3광초 거리인 것을 감안하면 사람들의 생각은 미천하기 그지없다. 적어도 1광년이라 함은 빛이 1년 동안

갈 수 있는 거리로 약 9초 5천 억 ㎞인 점을 감안할 때, 우주의 세계는 한없이 멀고, 우리의 세계는 미약한 존재로만 느껴진다. 그렇다면 북두칠성이나 북극성, 안드로메다를 비롯한 오늘밤에도 볼 수 있는 수많은 은하의 별들은 지금도 존재하고 있는 것일까? 과연 저들의 별빛들은 100년, 800년, 그리고 수백, 수억 년의 시간동안 과연 지구로 향하고 있는 것일까? 혹시 빛만이 가진 광속이라는 특별한 타임머신을 이용하여 방금 그 곳을 출발해서 지구에 도달했는지도 모르겠다.

제로존 이론

'신동아' 2007년 8월호에 양동봉 표준반양자물리연구원장은 '제로존 이론'을 발표하여 과학계 안팎에 핫이슈를 던졌다. 그런데 9월 6일 한국물리학회가 기자회견을 열고 제로존 이론에 관해 의견을 밝힌 바 있다. 즉, "과학적 가치 전혀 없다"였다. 그러나 발표자 본인은 "제대로 된 검증이 아니다"는 반응이었다. 그럼에도 불구하고 제로존 이론의 찬반을 떠나 우리나라 과학자의 창의적 이론에 흥미와 기대가 되는바, 관계없이 생각해 보기로 한다.

제로존이란?

- 세상은 광자(photon, 光子)로 만들어졌다
- 우주의 고유한 숫자 발견

- 빛의 속도(c) = 플랑크 상수(h) = 시간(s) = 1
- 길이, 온도, 질량, 시간의 무 차원화로 소립자에서 우주까지 대통합 가능하다.
- 아인슈타인의 한계를 뛰어넘어 물리학계에 엄청난 충격이 온다.
- 노벨 물리학상 수상? 우주의 원리를 밝힐 수도 있을 것이다.
- 물리학 실험의 90%가 사라진다.

*** 제로존(Zero Zone) 이론 논문 2편 제출 심사를 의뢰하였으나 유럽 물리학회지 입자물리학 저널에서 통상 심사기간(2개월) 넘겨 13개월째 리뷰를 진행하였다.

양동봉 '표준반양자물리연구원 원장'의 약력
 - 1954년 경남 진해 출신, 마산고 및 조선대 치과대학 졸업
 - 치과병원 개업 활동 중 1992년부터 수학 & 과
   학 서적 약 3,000여 권 독파

양동봉 원장에 대한 일부 학자의 평가

"양동봉 원장은 물리학의 복잡한 수식(공식, 방정식)을 모두 수치(숫자)로 변환한다. 그리고, 이를 통해 누구라도 쉽고 신속하게 방정식의 진위를 검증할 수 있다. 이는 수학자 라이프니츠, 괴델, 파인만을 위시해 수많은 선대의 물리학자들이 시도했던 꿈의 검증 방식이다" 예를 들어, 질량이 200kg

양동봉 원장

인 우주선이 지구의 중심으로부터 지구 반경의 두 배가 되는 궤도를 돌고 있을 때 중력(N)은 얼마나 될까? 단, 지구의 질량은 약 5.98 X 10의 24승 kg이다. 이러한 문제를 풀기 위해 어떤 과학자가 정립한 공식 $F = G(m_1m_2/r^2)$이 있는데, 이 공식이 맞았는지 틀렸는지 어떻게 하면 쉽게 검증할 수 있을까? 여러 가지 방법이 있겠지만, 핵심은 등호(=)를 만족시켜야 하는 것인데, 이를 위해 위의 방정식에 등장하는 단위(힘, 무게, 길이 등)를 수치(숫자)로 바꾸면 좌변과 우변의 일치 또는 불일치가 쉽게 드러나게 된다. 즉, 이처럼 과학자들이 발견한 단위를 수치로 바꾸어 나타낼 수 있다면 그 어떤 방정식도 즉각적으로 진위, 참과 거짓을 밝힐 수가 있는 것인데, 이것이 앞서 언급한 '꿈의 방정식'이요, 세계적인 이론 물리학자인 데이빗 린들리가 말하듯 '물리학자들이 시도하는 본질적인 목표는 물리량, 단위 대신에 숫자를 붙이는 것이고, 그 숫자들 사이에서 상호관계를 발견하는 것'이다.

그렇다면, 과학계에서 측정 표준의 기초를 이루는 질량(kg), 길이(m), 시간(s), 광도(cd), 물질량(mol), 전류(A), 온도(K)의 7대 국제단위를 어떻게 숫자로 바꾼다는 것일까? 양 원장의 발견이 놀라운 이유 중 하나는 이러한 단위를 모두 숫자로 바꾸는 데 성공했다는 사실이다. 즉, 1m = 3.335 640 951 981 520 495 755 767 144 749 2 10의 −9승, 1kg = 1.356 392 666 244 510 898 295 876 032 956 4 10의 50승으로 표시할 수 있다(숫자가 너무 길어 3자리 단위로 띄어쓰기를 함). 무슨 뜻인가 하면, 1m 안에 광자(photon)의 개수가 위 숫자만큼 들어 있다는 뜻이다. 1kg의 무게를 위해서 광자의 개수가 그만큼 있어야 한다는 의미이다.

그러므로 앞으로는 1m +1kg = ?과 같이 서로 다른 단위를 가진 계산식(방정식)을 간단하게 계산할 수 있어서 '10kg − 80m = 0'라든가 '10kg = 80m'라는 식으로 표현할 수 있으므로 차원의 굴레를 벗어날 수 있게 된다는 것이다.

양 원장은 미터법, 7개의 국제단위를 통일하기 위해 "광속(c) = 플랑크 상수(h) = 시간(s) = 1"이라는 공준(公準; 증명이 불가능하지만 학문적 실천적 원리로 인정되는 것)을 정립하여 '제로 존(Zero Zone) 이론'이라고 이름을 붙였다. 여기에서 숫자 '1'이 의미하는 것은 빛 알갱이로 불리는 광자 1개를 뜻한다. 따라서, 광자 한 개와 빛의 속도, 우주에서 가장 작은 에너지 단위로 알려진 플랑크 상수, 1초는 서로 같다고 보는 것이 다. 광자 1개는 질량, 속도, 시간, 거리가 모두 '1'로서 같은 값을 갖는다는 설명이다. 양 원장이 설명하기를 "광자의 개수가 숫자이며, 매 순간 현상의 고유 진동수가 된다. 이 진동수는 숫자 1에 대한 연속성으로 자연의 수량화(quantification)가 된다. 자연의 수량화가 일정한 모임을 가질 때, 이것은 비연속성으로서 자연의 양자화(quantization)가 된다"고 한다. 약간 어려운 설명이기는 하지만, 간단하게 말해서 숫자 '1'은 '시간이 변해도 변하지 않는 것'이요, '세상에서 가장 작은 것'을 의미한다 할 것이다.

1. 시간은 왜 미래로만 흐르는가?

2. 광속도 불변이란 무엇인가?

3. '쌍둥이 패러독스' 의미를 예로 들어 설명하라.

4. '웜홀' – 과거로 갈 수 있다?

5. 상대성 이론의 아름다움(사토 카츠히코)을 읽고 느낀 점 쓰기

제3장

나무와 사람

서 론

　우리나라 동해안과 강원도 지역에 폭우가 잘 내리지 않는 곳이다. 하지만 게릴라성 폭우는 그런 규칙을 어기고 내리면 엄청난 피해를 입힌다. 지형의 변형을 가져오기도 하고 마을 송두리 채 앗아가는 재앙을 불러오기도 한다. 농지는 물론 마을이 없어진 곳도 생겨난다. 어느 날 한 방송국에서 그것과 관련된 특집 프로그램이 있었다. 내용은 피해에 따른 앞으로의 대책이다. '큰비가 내린 후 없어진 농지와 마을은 물론 계곡에서 흘러간 물길에 따라 달라진 농토나 대지를 어떻게 할 것인가?'가 주제였다. 취재한 결과, 큰비로 길과 대지가 없어진 것이 아니라 옛 사진과 모습을 대조해 보았더니 원래 그대로 환원된 것이다. 자연은 어떻게 옛 모습을 기억하고 알고 있었을까? 그날의 토론 또 다른 주제 역시 기왕 옛 모습을 찾았으니 '이제 옛 모습대로 보존할 것인가 아니면 현재 소유주에게 복원시켜 돌려줄 것인가?'였다. 하지만 결론은 그리 쉬운 것이 아니었다. 그대로 두면 자연에게는 환영을 받겠지만 땅 주인들에게 많은 경제적 손실을 끼치는 것이기 때문이다.

　여기 자연의 주인공이 있다. 나무는 자연의 주인공이다. 오늘도 나무는 가만히 서 있는 것 같지만 많은 생각을 하고 어쩌면 제자리에서 많은 일을 하고 있다. 어떤 때는 살아남기 위해 열매 맺기 경쟁을 하기도 하고 더 많은 영양을 얻기 위해 나무는 뿌리를 넓고 깊게 내리기 위해 안간힘을 다 쓰기도 한다. 우리가 산을 오르다 멀쩡해 보이는 아름드리 나무가 넘어져 있는 모습을 볼 때가 있다. 왜일까? 모르긴 몰라도 땅 속에서 많은 경쟁을 하다 실패한 흔적은 아닐까? 사실 나무도 사람들처럼 보이지 않는 곳에서 무한 경쟁을 한다. 뿌리는 뿌리대로, 잎과 열매는 생존과 종족을 보존하기 위해서 아무도 보아주지도, 알아주지도 않지만 피나는 노력을 한다. 그리고 그곳에서 자리를 지키며 서 있는 것이다. 그리고 경쟁에서 이긴 나무는 숲을 만들고, 숲은 우리 사람들에게 더 많은 것을 주기 위해 준비를 한다.

아낌없이 주는 나무

한 그루 나무가 있었다. 그리고 그 나무를 사랑하는 한 소년이 있었다. 그 소년은 나무에 매달려 놀았고 나뭇잎으로 왕관을 만들어 쓰기도 했다. 소년은 나이가 들고 키도 자라 나무에 매달려 놀기에 재미가 없었다. 그러기에 너무 커 버렸고 돈도 필요했다. 그래서 소년은 나무에게 다가가 "내게 돈을 좀 줄 수 없니?" 그러자 나무는 과일을 따다 돈을 만들도록 했다. 소년은 나무 곁을 떠났다. 그리고 오랫동안 나무에게 돌아오지 않았다. 그러던 어느 날 소년이 돌아왔다. 나무는 기뻤다. 그러나 돌아온 소년은 나무에게 살 집이 필요하다고 말했다. "애야, 내겐 나를 따뜻하게 해 줄 집이 필요해, 아내와 어린 아이들과 함께 있을 집이 필요하단 말야." 그러자 나무는 "내 가지들을 베어다가 집을 지어."라고 말하였다. 그리고 떠나간 소년은 오랜 세월이 지나도록 돌아오지 않았다. 그러다가 그가 다시 돌아왔다. 이제는 소년은 나이가 많이 들었다. 그리고는 다시 나무에게 "여기에서 나를 먼 곳으로 데려갈 배 한 척이 있었으면 좋겠어. 넌 내게 배 한 척 마련해 줄 수 없겠니?” 라고 나무에게 말했다. 이번에도 나무는 “내 줄기를 베어다가 배를 만들렴.” 그래서 소년은 멀리 떠나갈 수 있었다. 그리고 소년이 얼마 후 다시 나무에게 돌아왔다. “애야, 이제는 아무것도 할 것이 없구나. 난 이가 나빠서 과일을 먹을 수가 없어.”라고 소년은 말했다. 그러자 나무가 이렇게 소년에게 말했다. “내게는 이제 가지도 없으니 네가 그네를 뛸 수도 없고…” 소년이 말했다. “나뭇가지에 매달려 그네를 뛰기에는 난 이제 너무 늙었어.” “내게는 줄기마저 없으니 네가 타고 오를 수도 없고…” “타고 오를 기운이 없어…”라며 소년이 말했다. 그러자 나무가 소년에게 “내게 남은 것이라곤 아무것도 없단 말이야. 다만 늙어 버린 나무 밑둥일 뿐이야…” 한숨 쉬며 말했다. 그리고 나무는 늙은 소년에게 마지막 남은 밑둥을 쉼터로 제공하였다. 이것은 쉘 실버스타인의 **‘아낌없이 주는 나무’** 의 줄거리이다. 하지만 정말 나무는 사람에게 아낌없이 주는 자연을 대표로 상징한다.

『지루한 전쟁이 끝났다. 포화가 멎은 지 며칠이 지나고 졸지에 폐허가 되어 버린 삭막한 들판에는 생명의 움직임이 전혀 보이지 않는다. 그런데 동물 한 마리와 단 한 그루의 나무만이 만신창이가 되어서도 요행히 살아남았다. 차츰 의식을 회복한 동물은 사방을 둘러보며 의지할 것이 무엇이 있는지 살펴보다가 한 그루의 나무를 발견한다. 허기에 지친 동물은 나무 주변을 돌아다니며 돌아보았지만 아무것도 먹을 것이 없음을 알았다. 할 수 없이 동물은 나무 밑에 웅크리고 앉아 저물어가는 저녁노을을 바라보다가 무엇인가 스쳐가는 것이 있어 자세히 보니 그것은 나뭇잎이었다. 이상하다 싶어 나무 위를 쳐다보니 아직도 꽤 많은 나뭇잎이 달려 있었다. 동물은 단숨에 나무로 올라가 닥치는 대로 나뭇잎을 먹어치웠다. 풀내음은 고사하고 너무 맛이 없었지만 "먹을 수 있을 만큼 먹어 둬야지…"라고 생각하고 게걸스럽게 먹다가 문득 "내가 살아남으려면 이 나무라도 있어야 하는데, 되도록 많이 아껴 두어야지."라는 생각이 들었다. 다음날부터는 허리띠를 움켜잡으며 시장끼를 면할 정도만 따먹었다. 그래서 나무에는 새싹이 돋아나기 시작했고 가지들은 점점 새파랗게 되어 갔다. 그러는 동안 여름이 가고 가을이 돌아왔다. 나뭇잎은 낙엽이 되어 한 잎 두 잎 떨어져 갔다. 먹이가 떨어지면서 동물은 기력이 쇄하여 가고 마침내 바람에 날아다니는 나뭇잎조차 잡을 수 없게 되었다. "가만히 있는 것이 살아남는 비결이야…" 본능적으로 깨닫고 나무 밑에 주저앉게 되었다. 겨울이 되어 동물과 나무는 눈 속에 파묻혀 버렸다. 이윽고 봄이 되자 나무에는 새싹이 돋고 가지마다 나뭇잎과 꽃망울이 맺혔다. 하지만 동물은 다시 살아나지 못하였다. 동물은 식물이 있어야 살 수 있지만 식물은 스스로 살아갈 수 있기 때문이다.』

이 글은 이와나미 요조의 <광합성의 세계>에서 인용한 것으로 사람이 동물계 왕이라면 나무는 식물계 왕임을 보여주는 글이다. 왜냐하면 사람이 동물계 왕으로서 폼을 잡고 온갖 횡포를 일삼고 군림하지만 나무는 자기 자리를 묵묵히 지키며 무한하고 무조건적인 사랑을 베풀기 때문이다.

첫째, 나무는 숲을 만들어 쉼터를 만들고 피톤치드와 같은 건강 영양
소를 만들어 온갖 질병을 치료해줄 뿐만 아니라 산소를 만들어 동물계,
사람들이 호흡하도록 도와준다. 나무는 광합성으로 만든 산소의 대부분
60% 이상을 사람들에게 제공하지만 사람들은 겨우 6% 정도의 이산화
탄소를 나무에게 내어줄 뿐이다.

<표 4> 동물계와 식물계 상호 의존관계

사람(동물계)	나무(식물계)
산화장치	환원장치
이산화탄소 생산	산소 60% 생산
산소, 단백질, 지방, 탄수화물 소비자	산소, 단백질, 지방, 탄수화물 생산자
이산화탄소, 물, 질소 배출	이산화탄소, 물, 질소, 배출
원소를 공기, 땅에 저장	원소를 공기, 땅에서 사용
유기물 → 무기물	무기물 → 유기물

둘째로, 나무는 햇빛으로부터 녹색의 빛을 걸러내어 사람들에게 돌려
준다. 이 녹색의 빛은 사람들이 느끼는 가시광선의 중심 색깔로서 사람
들에게 마음의 안정을 주고 눈의 피로를 직접 풀어주는 색깔이다. 나뭇
잎이 녹색을 띄는 것이 햇빛 속에서 녹색만을 흡수하지 않고 사람들을 위
해 일부러 반사시키기 때문이다. 그림은 파장에 따른 빛의 강도를 보여주고
있다. 그림에서 볼 수 있듯이 가운데 굵은 실선은 태양광 스펙트럼이다. 그
리고 왼쪽 편은 자외선, 가운데는 가시광선, 그리고 오른쪽은 적외선 영역이

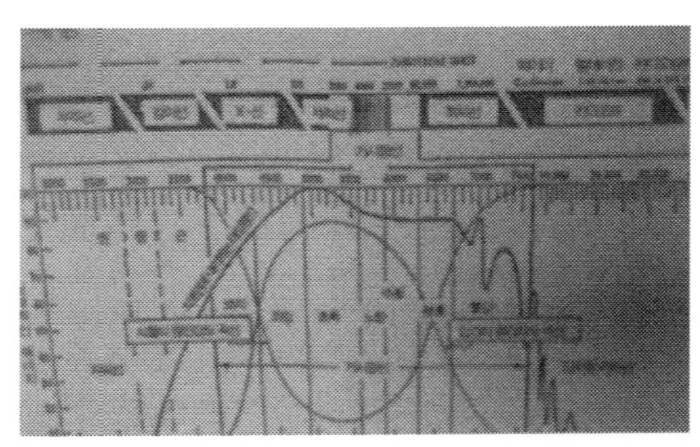

햇빛 속에 들어 있는
사람과 나무가 주고받는 빛의 파장관계

자리 잡고 있다. 태양광에서 가장 강한 파장 빛은 녹색 빛인데, 나무는 이 녹색의 빛을 자기가 성장에 사용하지 않는다고 한다.

여기서 참고로 자연의 빛인 태양광과 인공의 빛 조명등을 비교해 보고자 한다. 그림은 태양광과 일반 조명기구들의 파장영역 강도를 보여주고 있다. 바깥으로부터, 투명플라스틱, 태양광, 일반유리, 일부 차단된 유리, 백색형광, 분홍색형광 등이다. 그런데 여기서 재미있는 사실은 실험용 생쥐를 이용하여 태양광과 인조 광을 각각 악생종양이 걸린 생쥐에게 노출시켰을 때, 사망시간을 비교하였다. 거의 모든 파장의 빛을 투과시키는 플라스틱에서는 15.6개월, 일반 유리창 9.4개월, 백색조명 8.7개월 분홍색조명이 7.5개월이었다. 그렇다면 햇빛속의 자외선은 유리를 통과하지 못하는 걸까? 만약에 그럴 경우 유리로 가리면 햇빛을 받아도 타지 않는 건가? 자외선이 적은 양 일부만 통과한다. 실험에 따르면 실

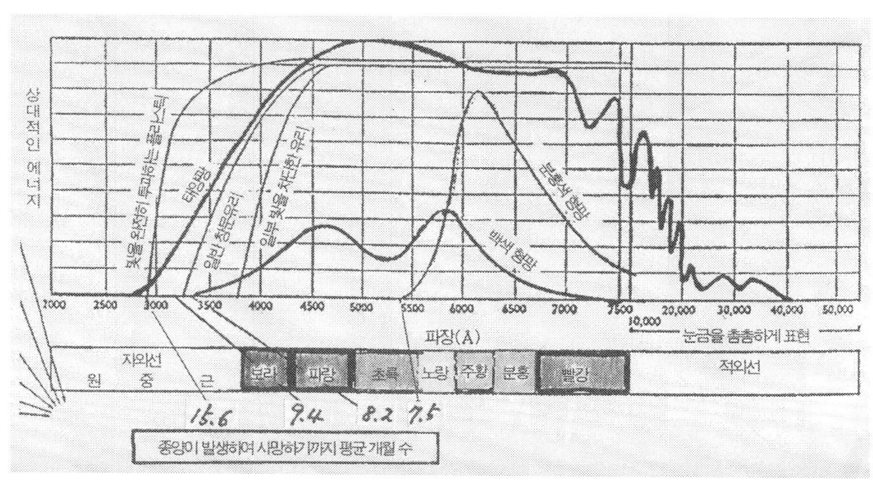

햇빛과 조명등의 파장분포

제 햇빛 속의 자외선이 유리는 약 10~30% 정도 통과한다. 반면 비닐하우스에 사용되는 비닐은 60~70% 통과하는 것으로 밝혀졌다. 따라서 유리를 통과한 빛을 쪼이면, 그냥 쪼이는 것에 비해서 훨씬 오래 태워야 살이 타고 그래서 유리온실에서 자란 식물들은 밖에서 자란 풀보다 약하고 비닐하우스에서 자란 풀들은 이것보다 조금 튼튼하게 자란다는 사실은 우리가 다 잘 알려진 사실이다. 이런 결과를 비추어 볼 때, 오늘날 사람들이 추구하는 조명시설의 피해가 얼마나 우매하고 잘못된 생각인지 모른다.

광합성 작용

셋째로 나무는 광합성을 통해 영양소를 공급한다. 광합성은 엽록체가 공장이라면 햇볕을 동력으로 사용하고 이산화탄소와 물을 원료로 해서 탄소 수소 산소 1:2:1 비율을 갖는 탄수화물을 만드는 것을 말한다. 지금부터 약 300년 전쯤, 네덜란드의 벨먼트는 화분에 90kg 흙을 넣고 어린 버드나무를 심었다. 5년 만에 나무의 무게를 재어보았더니 76kg가 되었다. 그동안 화분의 흙은 불과 56g밖에 줄지 않았다. 그렇다. 5100세 된 한 그루 나무가 평생 동안 공기 중 1800만 m^3에 달하는 이산화탄소를 분리하고 9100kg의 이산화탄소와 3700 ℓ 의 물을 광합성에 사용한다. 그리고 약 23만 Kcal(석탄 3500kg에 해당)의 열량을 탄수화물로 저장, 2500톤의 물을 뿌리에서 가지로 올려 보내 수증기로 만든다. 그리고 석탄 2500kg의 에너지를 스스로 생산하고 한 사람이 20년 동안 사용할 수 있는 산소를 제공해주는 것이다. 100ℓ의 원유를 연소시키려면 230kg의 산소가 필요하다. 그래서 사람들은 승용차 한 대로 1년에 3만 km를 움직였다면 한 나무가 100년의 노력으로 만든 산소를 다 써버리는 것이다. 한 나무가 100년 동안 한 일을 1년 안에 다 써버리는 셈이다. 그런데도 불구하고 사람들은 나무를 마구 베어 버린다. 1년에 지구상에서 사라지는 숲만도 1천 5백만 ha가 넘는다.

물 분자는 수소원자 2개 산소원자 1개로 되어 있다. 물 분자를 전기분해하면 수소와 산소를 만들 수 있다. 하지만 대기 중 산소는 물이 분해되어 만들어진 것이 아니고 광합성작용을 통해서 이산화탄소가 분해되어 이루어진 것이다. 대기 중 이산화탄소와 산소의 양이 항상 일정하게 유지되는 것은 그 때문인 것이다. 대기 중 이산화탄소 0.3%, 산소 21%, 질소 78%, 기타 약 1%의 비율을 유지할 수 있다. 자연의 모든 생물계는 에너지 찌꺼기를 쏟아내는 동물계와 이를 정화하고 청소하는 식물계로 구분되어 있는 셈이다. 식물계가 있기에 자연계의 모든 원소들은 해로울 정도로 적체되거나 고갈되지 않고 지속적인 순환이 이루어진다고 볼 수 있다.

다음은 광합성작용의 엽록소 분자구조를 보여준다. 그림은 137개의 원자로 구성된 엽록소를 보여준다. 중앙에 질소원자로 이루어진 고리에 Mg(마그네슘)원자가 결합되어 있다. 광합성작용은 양극의 전하를 띤 마그네슘 원자가 물(H_2O), 이산화탄소와 동시 결합하면서 이루어진다. 네 개의 질소(N) 원자 고리에 에워싼 마그네슘(Mg) 원자는 모두 137개의 탄소(C) 수소(H) 산소(O) 원자들의 조합으로 이루어져 있는데 그 엽록소

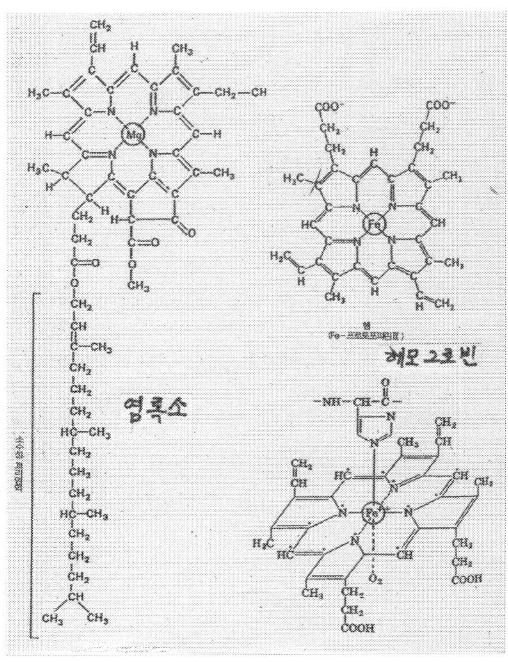

엽록소와 헤모글로빈 구조

중심에 마그네슘이 차지하고 있는 것이다. 여기서 주목해야 하는 것은 137이라는 숫자가 1과 자신의 수(137)로만 나누어지는 소수라는 점이 흥미롭다. 137이라는 수는 더 이상 나누어지지 않는 안정된 숫자이다. 이 말은 엽록소가 매우 안정된 분자식으로 구성되어 있으며 지구상의 모든 생명의 근본이 되는 요소라는 점을 말해준다. 사람의 혈액에 있어서도 혈액의 기초 성분인 헤모글로빈이 있다. 이 헤모글로빈은 식물의 엽록소와 유사하다. 그림으로 보는 것처럼 질소 고리 중앙에 엽록소에 마그네슘(Mg)가 있는 것처럼 헤모글로빈에는 철(Fe)이 자리 잡고 있다. 헤모글로빈은 식물의 엽록소처럼 동물에서 중요한 역할을 한다. 살아 있는 쥐의 혈액을 식물의 엽록소 용액으로 대체하면 어떠할까?

미국의 한 의사가 쥐에게 엽록소를 분해시켜 먹였다. 체내에 엽록소를 주입한 결과 쥐의 혈액 안에 특별한 거부반응이 없이 적혈구가 늘어나는 것을 알게 되었다고 한다. 그리고 쥐는 아무런 일이 없었다는 듯 정상적으로 활동하더라는 것이다.

나무의 증산작용

'물은 위에서 아래로 흐른다.' 이것은 보편적이고 당연한 진리로 여기고 있지만 나무는 물을 아래에서 위로 흐르게 하는 놀라운 능력을 갖고 있다. 마치 상하수도처럼 나무는 모근에서 땅속에 있는 물을 흡수하여 나무줄기를 타고 수십 m를 올라간다. 땅속의 물이 뿌리에서 흡수되면 차례대로 근세포를 거처 줄기의 중앙에 있는 도관으로 들어간다. 이 관은 뿌리로부터 줄기로 줄기에서 잎까지 연결되어 있어서 구석구석 나뭇잎까지 전달한다. 또한 식물에는 체관이 있다. 이 체관은 잎에서 만든 물질을 줄기, 또는 뿌리로 수송할 때 이용되는 기고나이다. 마치 도관과 체관은 동물의 동맥과 정맥, 주택의 상, 하수도와 비슷한 기능을 한다.

식물이 도관과 체관을 통하여 광합성에 필요한 물을 흡수 수송하고, 광합성을 통해서 만들어진 영양소를 각 부분으로 전달하는 것이다. 그런데 어떻게 도관을 속에서 물을 아래로부터 위로 어떻게 품어 올리는지는 정설이 없다. 보통은 가는 유리관이나 좁은 틈을 이용 모세관 현상으로 물이 상승하는 것으로 알려져 있다. 하지만 모세관 현상은 물이 유리관의 크기에 반비례해서 올라간다고 볼 수 있다. 가령 물이 10m를 올리려면 유리관의 직경 0.75μm이어야 한다. 그런데 물을 수십m 올리려면 그보다 훨씬 가늘어야 가능하다는 뜻이다. 또한 유리관의 한 끝을 막으면 물이 올라가지 못한다. 도관의 가장 끝단은 막혀 있다. 그럼에도 불구하고 물은 나뭇잎 끝까지 올라간다. 끝으로 '뿌리의 압력에 물을 올려 보낸다.' 근압설, 예를 들어 수세미 줄기를 잘라 잘려진 부분을 병 속에 넣어보면 물이 고인다. 이것은 뿌리의 압력에 의해 물이 올라간다고 보는 생각이다. 하지만 이러한 근압이 3~4기압에 지나지 않는다. 따라서 10m의 높이까지 물을 올리려면 이 정도 압력으로 부족하다.

그러나 증명은 덜 되었지만 단 한 가지 가능한 방법이 있다. 바로 증산작용이다. 이것은 나뭇잎의 기공에서 물이 증발하면 줄기 속, 도관을 통해 물의 응집력을 이용해 올라간다는 설명이다. 이것은 이제까지 다른 설명보다 가능성은 높지만 복잡한 생물현상임이 틀림없다.

나무를 심은 사람

나는 여기서 책 두 권을 소개할까 한다. 소개하는 이유는 아무 말도 하지 않는 나무에게서 나무와 살면서 매력을 느끼고 이해하고 사랑하며 어쩌면 큰 꿈을 성취한 사람들의 이야기이기 때문이다. 첫 번 책의 제목은 '나무를 심은 사람'이다. 저자는 장 지오노이고 주인공은 55세 된 엘제아르 부피에이다.

간단하게 줄거리를 말한다면 한 젊은이가 프랑스의 알프스 여행길에서 물을 찾아 폐허가 된 마을을 헤매며 불모의 땅을 걸어가다 양치기 노인을 만나 음식과 잠자리를 제공받는다. 다음 날 그는 양치기 노인을 따라 도토리 파종하는 것을 보러 간다. 양치기 노인은 55세 된 엘제아르 부피에, 아내와 아들을 잃고 외떨어진 산에 들어와 홀로 도토리 파종을 시작한 지 3년이 되었다. 그는 나무가 부족하여 땅이 죽어가고 주민들이 포악해진다는 것을 알고 자신의 땅은 아니지만 산 곳곳에 떡갈나무 씨를 뿌리고 가꾼다. 세월이 흘러 제1차 세계대전 후 젊은이는 부피에가 살던 곳을 다시 찾아와 그동안 파종한 나무들이 10년생의 우람한 나무로 성장해 있는 것을 본다. 그는 울창한 숲을 바라보며 사람의 노력으로 삶의 터전을 만들 수 있다는 사실을 깨닫는다. 메말랐던 마을 계곡에는 물이 흐르고 주민들이 하나둘씩 돌아온다. 조금씩 자연이 되살아나기 시작하는 것이다.

사람들은 그 아름다운 숲이 작은 한 노인의 공헌이라고는 생각하지 못했다. 숲이 어느 순간 혼자 저절로 자란 것이거나, 숲이 있기 전의 황무지는 상상도 못했을 수도 있었다. 이 아름다운 숲이 두 차례의 세계전쟁으로 벌목의 위기에 처했지만 주인공 부피에는 그것을 알지 못했다. 또한 천연 숲이라고 생각한 정부관계자들이 방문하여 무언가 하기 위해 분주했지만 나무 심는 일에는 영향을 주지 못했다. 어떠한 일이 벌어지든 그가 무엇을 걱정한다거나 집착하고 갈등하는 모습은 없었다. 다만, 작가도 말했듯 한 열정이 확실한 승리를 거두기 위해서는 많은 절망과 자신과의 고독한 싸움에 직면했을 것으로 생각된다. 고귀한 존재의 숲을 만들고자 하는 노력은 두 차례의 전쟁에서 지켜졌고, 한 노인의 고결한 삶이 숲으로 변하고 숲은 또 사람들에게 행복과 기쁨을 가져다주었다.

그는 황량한 그 땅이 누구의 것인지, 자신에게는 어떠한 이익을 줄 것인지, 또는 자신이 하는 일을 사람들이 알아주기나 할지 등 인간적인 관심이나 어떤 기대가 전혀 없이 그저 오랜 세월 동안 묵묵히 나무를 심었다. 황량한 대지는 아무런 기술이나 도구도 지니지 못한 한 사람의 손길과 맑은 영혼에서 계절이 바뀌고 오묘한 자연의 순리대로 매일 생명의 땅으로 변하여갔다. 땀의 결실로 인하여 숲은 소리 없이 공기가 변하고 물이 흐르고 갈대, 풀밭, 기름진 땅으로, 꽃들은 되돌아왔다. 아무런 보상도 바라지 않는 다른 사람을 위해, 공동의 선을 위해 묵묵히 자신의 일을 해낸 위대한 혼과 고결한 인격을 지닌 한 사람의 끈질긴 노력과 열정이 많은 사람들에게 행복과 희망을 선물한 것이다. 1935년 부피에의 '나무심기'는 정부정책으로 자리 잡게 되고, 부피에는 1947년 89세의 나이로 바농에 있는 요양원에서 평화롭게 일생을 마감한다.

※ 참고: 다음은 학생들이 『내가 심은 나무』를 읽고 느낀 점이다.

(식품영양학과, 조○○)

1. 동물계 대표를 사람이라고 하고 식물계를 나무라고 했을 때 이 둘은 떨어지려야 떨어질 수 없는 관계다. 서로 어느 것이 더 중요하다고 말할 수 없이 하나만은 존재할 수 없는 것이다. 나무는 우리에게 많은 먹을거리와 쉼터 그리고 맑은 공기까지 만들어 준다. 그렇지만 이런 나무도 우리가 주는 이산화탄소 양분이 없으면 살아갈 수 없다. 그래서 동물과 식물은 어느 것 하나만 존재할 수 없다. 그래서 이렇게 우리와 밀접한 관계인 나무를 소중히 생각해 내가 나무 하나를 심게 된다면 나는 사막의 선인장과 같은 나무를 심고 싶다. 그건 내가 사막의 선인장 같은 사람이 되고 싶기 때문이다. 꼭 내가 사막에 가서 나무를 심겠다는 것이 아니고 사람들에게 선인장처럼 반가운 존재, 기쁨의 존재이고 싶기 때문이다. 그늘하나 없는 사막에서 나무가 심어

져 쉴 수 있는 그늘이 생기는 것처럼 나도 사람들이 언제나 와서 쉬었다 갈 수 있는 누군가에게 도움이 되는 그런 사람이 되고 싶다. 정말로 기회가 된다면 사막이 아니더라도 푸른 벌판에 사람들이 쉬었다 갈 수 있는 나무를 심고 싶다.

(화학과, 윤○○)

2. 사람과 나무는 밀접한 상호작용을 하며 살아간다. 아니, 나무의 아낌없는 사랑에 사람이 많은 이익을 얻고 있다고 해야 맞는 표현일 수도 있다. 나무는 광합성을 통하여 인간이 살아가는데 필수적인 산소를 공급한다. 뿐만 아니라 그늘로 휴식처를 제공하고 종이, 연필, 각종 가구재와 장식재 등 여러 분야에서 사람에게 무한 희생을 베풀어준다. 사람은 나무가 주는 많은 이익들을 감사히 생각하여 자연을 훼손하지 않고 보호하며 살아야 할 것이다. 나는 '향나무'를 심으려고 한다. 향나무는 자신을 베어내는 도끼질에도 오히려 더 많은 향을 뿜어내어 안정적이고 평온한 분위기를 발산한다고 어느 책 구절에서 본 적이 있다. 나 자신은 비록 불이익을 받을지라도 여러 사람들이 행복해지고 평온해진다면 그들에게 기꺼이 도움을 주고 싶은 마음에서 향나무처럼 마음 깊숙이 향기를 가득 품은 따뜻한 사람이 되고 싶어 향나무를 택하게 되었다.

(물리학과, 이○○)

3. 사람과 나무는 부모와 자식과의 관계와 같다. 부모님은 항상 자식들

에게 한없이 주는 베푸는 사랑, 즉 내리사랑을 한다. 그렇지만 자식들은 부모님에게 받으려만 하고 항상 받기만을 바란다. 사람과 나무도 마찬가지다. 나무는 항상 사람들에게 베풀고 주기만 한다. 우리가 숨을 쉴 수 있는 청정한 공기와 자연재해도 막아주고, 살 집과 연료까지 자기 몸을 아끼지 않으며 전부를 베푼다. 이런 모습이 꼭 부모님을 보는 것 같다. 우리를 위해 항상 희생하면서 행복해하는 그런 모습과 나무는 같다. 그래서 사람들이 나무와 가까이 있으면 마음이 편안해지고 안정을 찾는지도 모르겠다. 나는 나를 나무로 심고 싶다. 나무 같은 사람이 되어 베풀고 희생하며 행복을 느낄 수 있는 그런 사람이 되고 싶다. 나눔의 기쁨과 행복을 통해서 지난 나의 삶을 반성하고 앞으로의 삶을 나무와 같은 삶으로 꾸려나가고 싶다. 이번 기회에 나무가 우리에게 주는 것이 얼마나 많은지 알게 되어 새삼 나무의 고마움과 소중함을 알게 되었다. 항상 그 어느 누구에게나 고맙고 소중한 나무 같은 사람이 되고 싶다.

(물리학과, 김 ○)

4. 나는 '기부'라는 나무를 앞으로 심고 싶다. 지금 우리 사회에서 기부라는 것은 점점 거창한 것이 아닌 누구나 할 수 있는 쉬운 일이 되어가고 있기 때문이다. 기부를 함으로써 어려운 환경에 있는 사람들과 정을 나누며 서로 잘살 수 있다면 나에게도 매우 기분 좋은 일이 될 것이기 때문이다. 그러기 위해서는 지금부터 조금씩이라도 기부하는 것이 부담스러운 것이 아니라는 생각을 키워서 점점 더 많은 사람들에게

큰 힘이 되도록 해야 할 것이다.

기적의 사과

두 번째로 소개할 책은 기적의 사과이다. 이 책은 썩지 않는 사과를 개발한 시골 농부의 감동적인 실화를 소재로 쓴 책이다. 주인공은 일본 아모리 현 이와키마치 농장에서 사과 농사를 짓는 기무라 아키노리 씨. 그는 일본 생명농법의 창시자인 후쿠오카 마사노부의 '자연농법'이라는 책을 읽고 감명을 받은 후 1978년부터 농약을 전혀 사용하지 않는 시도를 시작하였다.

사과는 새콤달콤한 맛을 상징한다. 그러나 지금의 사과는 그런 맛을 모두 잃었다. 아니 지금 젊은이들은 사과에게서 그런 맛이 있는지조차 알지 못한다. 나는 사과재배에 관해서 잘 모르지만 어쩌면 농약과 화학비료가 뿌려지면서 그런 깊은 맛을 잃게 되었는지 모른다. 지금 모든 농부들 누구나 농약을 치지 않고 사과를 재배할 수 없다고 공식화 되어 있다. 그런데 바로 기무라 씨가 그 무농약 재배법에 도전한 것이다. 어쩌면 불가능에 가까운 일에… 기적과 같은 일을 이루어낸 기무라 씨는 '포기하지 않으면 정말 꿈은 이루어진다.'는 표어를 현실로 만들어 냈다. 그 기적과 같은 사과 재배는 결코 짧은 세월의 이야기가 아니었다.

그가 무 농약 사과 재배를 시작한 지 3년이 지났다. 도무지 가능성이 보이지 않았다. 오히려 사과밭은 벌레들의 천국으로 변해갔다. 후득, 후득, 후득… 마침 사과잎 떨어지는 작은 소리가 큰 북을 두드리는 것처럼 그의 고막을 울려왔고 사과나무가 비명을 지르는 것과 같았다고 했다. 어떤 날은 넉 나간 사람처럼 농장에 누워 벌레가 사과 잎을 먹는 것을 가만히 지켜보기도 하고 저들과 한통속이 되어 갔다. 자연을 보는 시각이 달라지기 시작한 것이다. 사과밭을 황폐 시키고 있는 얄미운 해충까지도 미워하지 않게 되었다.

「 "어느 날 문득 벌레를 잡다가 요 녀석은 어떻게 생겼을까 싶더라고. 그래서 집에서 돋보기를 가져다가 찬찬히 들여다봤지. 그랬더니 이게 말이야, 엄청나게 귀여운 거라. 그런 걸 티없이 맑고 고운 눈동자라고 하나. 커다란 눈으로 말끄러미 나를 바라보는 거야. 그 모습을 보니까 미워할 수가 없더라고. 내가 워낙 구제불능 바보라서 그만 못 죽이고 잎으로 다시 돌려보냈어. 나한테는 얄밉기 그지없는 적인데 말이지. 줄곧 해충이라며 미워했는데 자세히 보니 너무 귀여웠어. 자연이란 참 재미있다는 생각이 들어서 이번에는 익충 얼굴을 관찰했지. 해충을 먹어치우는 고마운 벌레잖아. 그런데 이게 아주 무섭게 생긴 거야. 풀잠자리 같은 건 흡사 영화에 나오는 괴수더라니까. 아하, 이런 거구나 싶더군. 인간은 자기 사정에 따라 해충이니 익충이니들 하고 나누지만, 잎을 먹는 벌레는 초식동물이라 평화로운 얼굴을 하고 있었지. 그런 게 그 벌레들을 잡아먹는 익충은 육식동물이잖아. 얼굴이 사나운 게 당연하지. 그렇게 매일 벌레를 잡아 대면서 벌레에 관한 건 아무것도 몰랐던 거야. 사과나무에는 수많은 벌레가 알을 낳지만, 생각해보니 그 알에서 어떤 벌레가 부화되는지도 몰랐고, 그 벌레가 어떤 성충이 되는지도 몰랐다는 생각이 들더군. 그때부터 조금씩 벌레를 관찰하기 시작했어. 어떤 식으로 잎을 먹는지 온종일 바라보기도 했어…."

그는 사과나무와 대화를 나누기도 했다. "농약을 주고 비료를 주면 멀쩡한 나무들인데 내 욕심 탓에 점점 죽어갔어요. 그때부터 한 그루, 한 그루에게 사과했지요. '고생시켜서 미안하고 제발 죽지 말아 달라'고…."」 사실 기무라 씨가 모든 사과나무에게 말을 건넨 건 아니다. (미친 사람처럼 나무에게 중얼거리는) 모습을 이웃에 보이고 싶지 않아 도로변에 있는 나무에겐 말을 건네지 않았다. 기무라 씨는 이를 뼈아프게 후회하였다. 도로변의 나무가 한 그루도 안 남고 도미노처럼 쓰러졌기 때문이다.

그리하여 마침내 그는 무구한 마음으로 사과나무를 바라보게 된 것이다. 하지만 그런 마음이 변하고 달라졌다고 당장 무엇이 달라진 것은 아니었다. 사과나무가 꽃이 피고 사과가 주렁주렁 열린 것은 아니었다. 그가 살아가는 세계는 현실 세계였기 때문이다. 그러한 현실 속에서 기무라 씨는 뭔가를 계속해야 했다. 자신의 경험이나 지식이 아무 도움이 안 되는 것이었다. 여기서 멈출 수 없었다. 사과나무가 죽어가는 동안 기무라 씨도 함께 죽어가고 있었다.

1985년 7월 31일 여름 날 그는 이와키 산기슭 그의 사과나무 밭으로 올라갔다. 이번에는 사과나무에게 무슨 말을 건네기 위해서도, 미안하다는 말을 하기 위해서도 아니다. 더 이상 해결책이 떠오르지 않고, 살아남은 나무들조차 결국 병에 벌레에 무릎 꿇고 말라죽을 수밖에 없는 결론에 도달한 것을 알았기 때문이다. 거기서 그의 생각은 멈춰버렸다. 그것은 이미 몇 백 번 몇 천 번 되풀이하고 생각한 결론이었던 것이다. 저 멀리 산이 보였다. 그가 산에 오르면 오를수록 산 정상은 더욱더 멀어져 갔다. '무 농약으로 사과를 재배한다.' 그 생각에 열중하고 집중할수록 '내가 포기하면 누구도 두 번 다시 그 일을 시도하지 않을 것이다. 내가 포기하는 것은 모든 인류가 포기하는 것과 마찬가지다.'

그런데 그 꿈과 생각이 무너진 것이다. 이제 더 이상 할 일이 없어졌다. 석양이 옅어지고 하늘에는 별이 반짝이기 시작했다. 땅만 내려다보던 기무라 씨는 번뜩 정신이 든 것처럼 주위를 둘러보았다. 창고 대신 밭 입구에 놓아둔 폐차 짐칸에 밧줄 한 뭉치가 있었다. 사과상자를 묶는 밧줄이다. 이미 몇 년을 사용하지 않아서 낡아버린 밧줄이었다. 이제 남은 일 실행에 옮기는 것뿐이다. 그리고 얼마나 산을 더 올랐을까 뒤를 돌아보니 둥근 보름달이 떠 있었다. 여름 밤하늘, 어두운 산 길, 발밑에 우는 벌레 소리 모든 것이 아름다웠다. 세상은 생각보다 아름다운 곳이었다. 밧줄을 움켜쥐고 한 걸음 한 걸음 소중히 여기듯 걸어갔다. 오래 간 만에 목욕한 것처럼 상쾌하고 홀가분한 기분이었다. 얼마나 더 올랐을까? 꽤 높은 곳까지, 아마 두 시간은 올랐다. 주위를 돌아보니 거기에 적당한 나무가 보였다. 좋아, 나무를 결정하고 들고 온 밧줄을 나뭇가지에 던졌다. 그런데 힘이 너무 셌는지 밧줄이 손가락 사이로 빠져 엉뚱한 방향으로 날아가 버렸다. 그런 상황에서 이상한 것이 눈에 띄었다. '달빛 아래에 사과나무가 서 있었다.' 그런데 아무리 한참을 뚫어지게 쳐다봐도 사과나무환영은 사라지지 않았다. 넋을 잃을 정도로 아름다운 사과나무로 기무라 씨 정수리에 벼락 맞은 것처럼 정신이 들었다. 그리고 마침내 11년 만에 아무도 할 수 없는 사과 농사의 성공에 종지부를 찍게 되었다.

과연 나라면 해낼 수 있었을까? 아니 나는 책을 읽는 순간에도 이미 몇 번씩 포기했다. 이것은 기무라 씨 한 사람의 인간 승리를 다룬 드라마틱한 이야기만은 아니다. 그도 좌절과 절망은 했지만, 포기는 하지 않은 불굴의 인간됨을 보여주었고, 보편적으로 확실하지만 어느 누구도 따라 할 수 없는 인내와 확신을 실천으로 보여준 세상에서 가장 아름답고 용기 넘치는 이야기인 것이다. 아무도 이루지 못한 일을 꿈을 꾸는 사람들에게 큰 기쁨과 희망을 준 책이기도 하다. 아무튼, 기무라 씨의 사과를 먹어 본 사람은 절로 감탄사를 연발한다. '맛의 조각품', '기적의 사과'로 불리는 이 사과는 수프를 만드는 레스토랑의 주방장에 의해서 우연히 알려졌다. 사과를 반으로 갈라 냉장고 위에 방치했는데 2년이 지나도록 썩지 않고, 일반적인 갈변도 없이, 달콤한 향을 내뿜으며 시든 것처럼 조그맣게 오그라든 상태로 있는 것을 보고 놀라 '기적의 사과'라는 이름도 붙여졌다. 일본 도쿄의 한 레스토랑에서 판매되는 기무라 아키노리의 '사과 수프'는 예약이 꽉 차 있어 1년을 기다려야 겨우 먹을 수 있다.

1. 나무는 식물계 왕, 사람은 동물계 왕, 왜 그럴까?

2. 나무와 사람의 공생 공존관계를 설명하라.

3. 헤모글로빈과 엽록소를 비교하라.

4. 자연광인 태양광과 인공광인 조명등이 인체에 미치는 영향을 말하라.

5. 나무를 심은 사람(장 지오노)을 읽고 느낀 점 쓰기

제4장

물과 생명

서 론

물은 지구표면의 3/4을 덮고 있다. 뿐만 아니라 사람의 몸(신체)성분의 70% 이상이 물이다. 또한 사람이 살아가는 데 필요한 적정온도가 −10℃에서 +40℃ 범위라고 한다. 이러한 온도는 물의 3가지 상태(고체, 액체, 기체)가 지구에 모두 존재하는 조건을 갖추고 있는 이유 때문이기도 하다. 물이 지구상에 풍부하게 존재하는 근거와 물이 풍부하게 있게 됨으로서 지구가 생명의 행성이 될 수 있었던 것이다. 과학자들은 이처럼 지구의 물이 가득 채워지면 태양의 내부온도 2,000만℃에 이르고, 지구 표면온도가 6,000℃ 정도로 무엇보다 태양과 지구와의 거리가 1억 5천만 km를 유지해야만 한다고 말한다. 그런 조건을 갖추고 있는 지구라는 행성이 우연치고는 신비로울 따름이다.

최근 미항공우주국(NASA)에서는 화성에 물을 발견하였다고 발표했다. 화성에서 약간의 물의 흔적을 찾았다고 흥분하는 것은 화성에 생명체의 발견 가능성을 열어 놓은 것이기 때문이다. 그러나 아직 화성에서 생명의 흔적을 발견하려면 멀고도 험한 시간이 흘러야 될 것이다. 그런데 지구에는 300만 종 이상의 생명체가 살고 있다. 그 중에서 지어진 이름을 갖고 있는 종류가 절반, 아직도 이름이 없거나 사람들의 눈에 띄지도 않은 것의 그 절반인 150만 종은 넘을 거라고 말한다. 이처럼 많은 종의 생명체가 지구에 살 수 있게 한 것은 앞서 지적한 대로 지구에 풍부한 물이 존재로 인한 것이 분명하다. 따라서 지구는 생명의 행성, 물은 생명이라 할 수 있다.

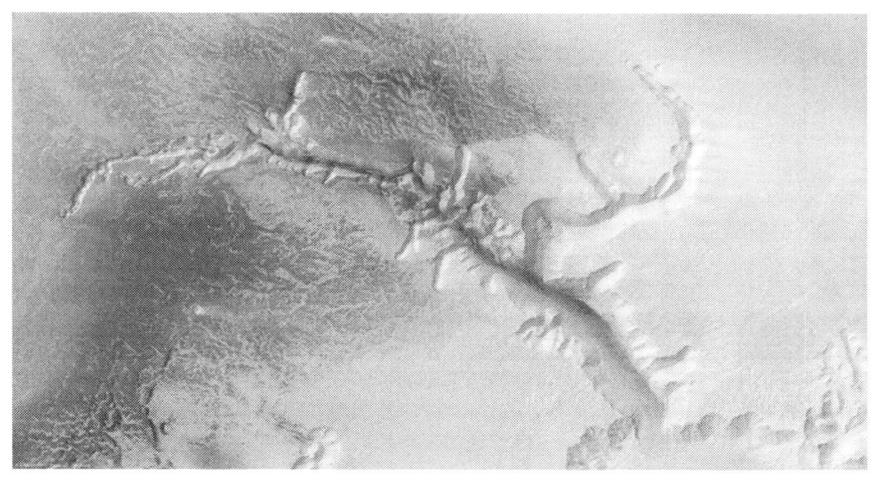

ESA가 찍은 화성의 물 흔적

성경에서 모세는 그의 백성을 이끌고 홍해를 건넜다. 홍해는 '피의 바다'라는 뜻이다. 홍해를 통과하는 것이 죽음에서 생명으로 진행하는 것을 상징한다. 그리고 노아의 방주는 오늘날 과학적으로 평가해보면 가장 안전하고 완벽했던 배였다. 이 역시 배에 오르는 사람들이 물에서 건짐으로, 바로 죽음에서 생명으로 이동함을 의미하는 것이다. 그렇다면 그러한 물이 그냥 우연히 지구상에 모여 이루어졌을까? 결코 그렇지 않다. 다시 말해 물이 지구상에 풍부하게 남아 있고 우리 인체의 70% 이상을 유지하고 있는 것은 보이지 않는 오묘한 섭리와 물이 아주 특이한 성질을 갖고 있기 때문이다.

과학적 관점의 물

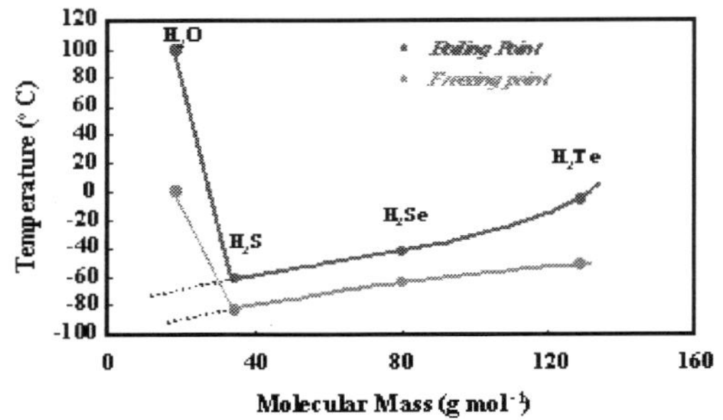

**Boiling and Freezing Points
of Group 16 Hydrides**

H₂O 100℃ H₂S −59.5℃ H₂Se −41.3℃ H₂Te −20℃
  ─▸H₂O −70℃ but 100℃(+ 170℃)
H₂O 0℃ H₂S −82.9℃ H₂Se −65.7℃ H₂Te −48℃
  ─▸H₂O −90℃ but 0℃(+ 90℃)

첫째, 물은 뜨거운 물질이다. 지구평균 온도가 섭씨 15℃이고 사람의 체온은 37℃, 그런데 물의 액체상태 온도는 0℃∼100℃이다. 이것은 물이 수소이온결합을 이루고 있기 때문이다. 수소원자는 가장 작은 원자이다. 물(H_2O)은 수소원자에서 생기는 양전하와 상대방 원자 산소의 음전하 사이에 거리가 가장 짧은 거리를 유지하므로 물이 다른 수소결합을 하는 분자들(H_2S, H_2Se, H_2Te)보다 뜨거워질 수 있었던 것이다.

둘째, 물의 밀도는 4℃일 때 가장 큰 값을 갖는다. 온도가 4℃(정확히 3.98℃)일 때는 물은 액체 상태이다. 어떤 물질이든 밀도가 고체보다 액체상태보다 큰 물질은 없다 하지만. 0℃인 물(액체) 1㎤의 무게는 0.99984g이다. 그리고 얼음(고체)은 0.9168g, +4℃일 때 물의 밀도가 1g/㎤ 최고가 된다. 이 온도에서 물은 에너지양이 최고조에 이르는데 소위 "무관심 상태"라고 볼 수 있다. 이것은 지구생명체, 특히 수중생명체가 존재하는데 결정적이다. 만일 이러한 결과가 아니었더라면 수중생물이 단 하나도 존재 할 수 없게 되었을지도 모른다.

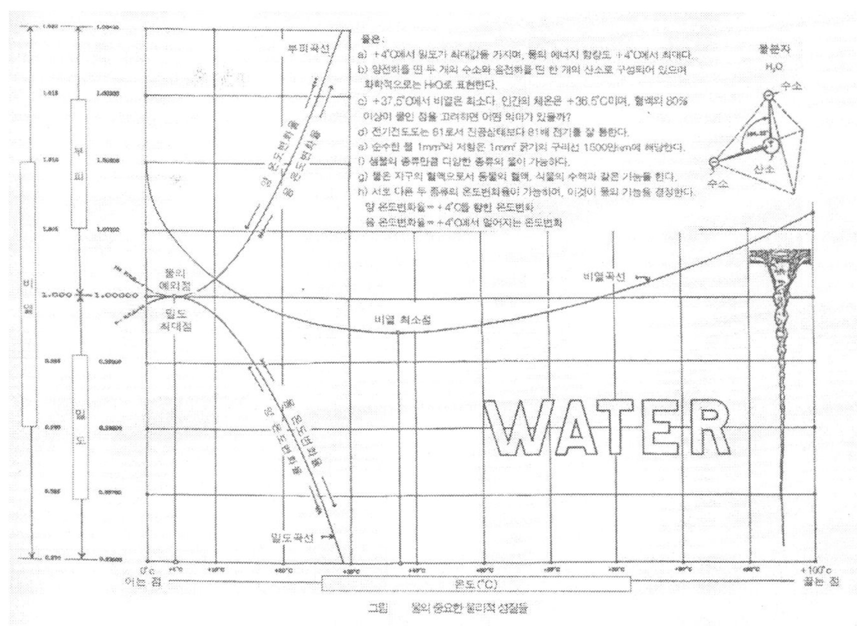

물의 비중 곡선

셋째, 물은 높은 비전도성과 비열을 갖고 있다. 물의 전기전도도 81이다. 공기보다 81배로 전기가 잘 통하지 않는 물질이라는 뜻이다. 그리고 지구 대기권에는 +4℃층이 여러 곳 존재한다. 지구상으로부터 3.5㎞, 77㎞, 85㎞, 175㎞ 등과 지하에도 2~3곳에서 +4℃ 온도층이 있다.

이곳이 물의 높은 비전도성으로 인해 전하의 이동을 차단하게 되고, 생축전지 역할을 하게 되어 대기권위에 많은 에너지를 저장하고, 태양으로부터 오는 에너지를 저장 비축할 뿐만 아니라 집중시켜 지표면에 최고의 세기로 응집시키는 볼록렌즈와 같은 기능을 하게 되는 것이다. 따라서 지구 표면에 사는 사람을 비롯한 많은 생명체들에 살 수 있는 온도범위 −10℃에서 +40℃ 사이의 온도를, 특히 지구평균 온도인 +15℃를 큰 편차가 나타나지 않게 만들어 주는데 결정적으로 작용한다.

<표 5> 물, 얼음, 수증기 열용량

	얼음	물	수증기
열용량 (K.mol)	35	70	30

넷째로 물의 비열이 최소점이 되는 온도가 37.5℃라는 것이 신기하다. 즉, 사람의 체온 혈중온도 37℃보다 불과 +0.5℃ 높다는 것이 놀라운 일이 아닐 수 없다. 그것은 사람의 혈액 속에 물의 비중이 90%가 넘는다는 점을 감안하면 체온을 유지하는 데 얼마나 유리한 조건을 제공하는지 알 수 없다.

다섯째, 물의 표면장력과 모세관현상이다. 표면장력이란 액체 내의 분자 간에 서로 당기는 힘이 표면을 최소로 줄이려는 힘을 말한다. 이러한 표면장력에 의해 소금쟁이가 물을 걸어다닐 수 있다. 그리고 소금쟁이 다리에는 미세한 털이 무수하게 많이 있고 다리에 기름이 분비되어 표면장력을 강하게 만든다. 그리고 물은 위에서 아래로 흐르는 것이 정상이다. 하지만 나무에서 물이 거꾸로 아래에서 위로 역류하는 현상이 나타난다. 세쿼이어라는 나무는 키가 100m가 넘는 것도 있다. 그런데 이 나무는 뿌리에서 나무 꼭대기 잎에까지 물이 올라가는 것이다. 물이 뿌리에서 올라가는 것은 모세관 현상으로 설명되는데 마치 상하수도처럼 나무는 뿌리에서 땅속에 있는 물을 흡수, 나무줄기 속에 들어 있는 도관을 통해 올라간다.

　여섯째, 물은 지능이 있다. 마치 눈과 귀를 가진 생물처럼 분별력과 기억력을 가지고 있다. 에모토 마사루는 「물은 답을 알고 있다」라는 책에서 물이 마치 눈과 귀를 가진 아이처럼 반응을 보였다고 설명한다. 물이 '사

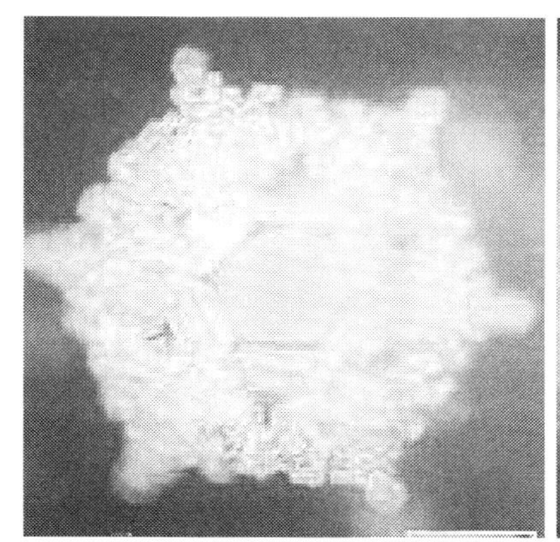

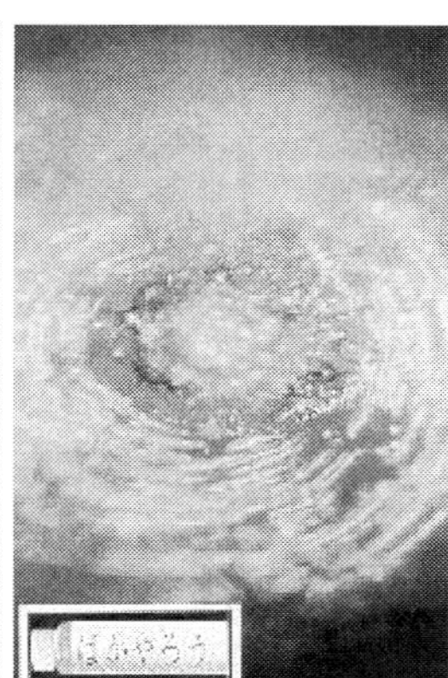

'사랑 감사'　　　　　　　　　악마

랑', '감사'라는 긍정적 단어를 보여 주었을 때, 아름다운 육각형을 모양을 보이고 또한 '악마'라는 글을 보여 주었더니 얼음 사진의 중앙 부분이 주변을 공격하는 듯 모습을 나타내더라는 것이다. 그리고 어린이가 물에게 '너 정말 예뻐'라고 말을 걸었을 때, 예쁜 결정의 모습으로, '망할 놈'이라고 했을 때 말을 듣기라도 하듯 형편없이 찡그리는 모습을 보였다고 한다. 그것은 물이 바로 생명이기 때문이 아닐까?

좋은 물, 나쁜 물

　그러면, 지구상의 존재하는 물 가운데 우리가 먹어야 하는 물은 무슨 물이어야 할까? 우리 인체는 모든 생체반응과 대사 작용에 각종 미네랄과 금속이온 유기물이 필요하다. 그런데 그러한 미네랄과 금속이온, 유

기물을 그냥 섭취 할 수는 없다. 그것을 세포가 가져다가 생화학반응과 대사과정을 이용하게 하기 위에서 그러한 물질들이 물에 함유해야 하고 물과 함께 섭취해야 우리 몸으로 들어갈 수 있기 때문이다. 물은 입, 위, 소장을 거처 간장, 심장, 혈액, 세포, 신장, 배설순서로 순환하면서 순환 기능, 동화기능, 배설 기능, 체액과 처온을 조절 기능을 수행하기 때문이다. 따라서 우리의 몸에 건강한 물의 순환이 잘 이루어지고 있다면 건강하다고 할 수 있고, 반대로 물의 순환이 잘 이루어지고 있지 못하다면 건강하다고 볼 수 없다. 그렇다면, 건강한 물은 무엇일까?

첫째, 건강한 물은 오염되지 않은 자연수, 즉 생수를 말한다. 좋은 생수는 증류수와 같은 인의적인 인체에 필요한 여러 광물질과 미생물을 포함하고 있다. 물속에 적당히 함유하고 있어야할 광물질 가운데 칼슘(Ca), 마그네슘(Mg), 칼륨(K), 철분(Fe), 나트륨(Na) 등이 있고, 적은 양이지만 인체기능을 활성화시키는 데 결정적 역할을 하는 소량의 광물질 셀레늄(Se), 아연(Zn), 크롬(Cr) 등이 포함하고 있어야 한다. 이러한 광물질들은 최근의 연구과정에서 인체의 생체기능에 중요한 역할을 하고 있음이 속속 밝혀지고 있다. 예를 들어 당뇨환자의 경우, 췌장의 랑게르한스섬 베타 세포 내에는 건강한 사람에 비해 칼슘, 크롬, 아연 등이 부족하다는 연구결과가 있다. 이로 인해서 췌장 세포 내에서 인슐린 분비가 잘 되지 않고 분비 된다 하더라도 활성화가 이루어지지 않는다고 한다. 요즈음, 물이 많이 오염되어 있는 괄계로 물을 끓여 먹거나, 정수기로 걸러먹는 것으로 인해 미네랄이나 금속에 섭취가 부족해지는 경향이 발생하고 있다. 끓여 먹음으로 인해 산소와 칼슘과 같은 무기질의 함량을 줄어들게 되므로 죽은 물을 먹게 되는 셈이 된다.

둘째, 물은 알칼리성이어야 한다. 물은 수소와 산소 원자로 구성되어 있다. 그런데 알칼리성 물이란 산소가 수소보다 많은 물을 말한다. 체질에 산성화를 가져온 원인을 살펴보면, 예를 들어 현대인이 마시는 음료 중에는 산성인 경우가 대부분이다. 콜라나 사이다 등 대부분 음료는 pH(수소이온농도)가 4이내의 산성이기 때문이다. 또한 우리가 주로 먹는 인스턴트 식품은 대기오염과 지나친 식품첨가제(방부제, 착색제, 화학조미료 등)가 많이 들어 있고, 육류조차 동물들이 먹는 사료 속에 그러한 것들이 포함하고 있어 그러한 육류를 섭취로 인한 사람들에게 영양제와 비타민 결핍된 식생활이 그 원인이 되고 있다.

그래서 현대인들의 혈액과 체액을 산성화 되어 있다고 생각할 수 있다. 혈액과 체액이 산성화되면 박테리아, 곰팡이, 기생충 등이 잘 자랄 수 있는 환경이 조성되고 특히, 암을 비롯한 만성병(고혈압, 당료, 심장병, 퇴행성관절염 등)의 원인이 되는 것으로 알려져 있다. KBS에서 방영된 "생로병사의 비밀"에서는 노화의 원인이 산성노폐물이 그 원인으로, 노화의 시작은 어린아이가 이유식에 들어가면서 시작된다고 하였다. 따라서 산모가 입덧을 하게 되는 것도 알칼리성 물질이 부족한 상태라는 것이다. 따라서 보다 알칼리화 된 물을 마심으로써 산성화된 노폐물을 중화시켜 소변이나 땀으로 몸 밖으로 배출시켜줘서 암이나 성인병을 예방해 줄 수 있는 것이다.

또 하나 KBS "생노병사의 비밀"에서 놀라운 사실을 알게 해 주었다. 우리의 몸은 위 속에 pH를 유지하기 위해 강한 산성인 위액, 즉 염산을 분비하여 위벽이 pH 4 이하로 만든다. 사람의 위액의 pH농도는 1.5 정도이다. 위가 염산을 만드는 과정은 몸속에 물(H_2O)과 소금($NaCl$), 탄산가스(CO_2) 중에서 수소와 염소를 결합, 염산(HCl)를 분비하는 것이다. 그런데 이때 나머지 분자들이 결합하여 강한 알칼리성 물질 중탄산나트륨($NaOHCO_3$)가 된다. 이 중탄산나트륨은 혈액 속에서 혈액을 알칼리화 시켜 우리 몸을 알칼리화 한다는 것이다. 혈액의 pH는 7.35~7.45 알칼리성이어야 한다. 따라서 수소이온농도(pH)가 풍부하게 함유된 생수를 먹음으로서 건강한 신체와 육체를 보존할 수가 있다.

끝으로 가장 좋은 물, 좋은 조건을 고루 갖춘 완벽한 물이란 전 세계 둘러보아도 별로 없는 게 사실이다. 그만큼 환경에 의해 많이 오염되어 있고 오염 요소 조건들에 노출되어 있기 때문이다. 그 가운데서도 그런대로 세계적으로 좋은 물이 없지는 않다. 프랑스 A사 다른 나라 B사 등… 저들의 이를테면 무엇보다 오염이 덜 되고 다양한 미네랄을 함유하고 있기 때문이다. 어떤 학자들은 좋은 물로 육각수을 선호한다. 온갖 질병에 각별한 면역력을 지니고 있기 때문이다. 그러나 물은 수시로 변하는, 가만히 있지 않고 수시로 운동이 활발한 물질이다. 따라서 육각수가 만들어진다 하더라도 극히 짧은 시간동안만 육각수로 존재할 뿐이다. 따라서 이를 육각수를 확인하기란 여간 어려운 것이 아니다. 또한 좋은 물은 작은 클러스터를 갖추어야 한다고 말한다. 이것은 아주 오래된 이론으로 아직도 많은 사람들이 인정하고 있다. 즉 물이 화학결합을 할 때, 큰 덩어리나 작은 덩어리로 뭉쳐질 수 있다는 것이다. 대체로 Ca과 Li 같은 구조형성 이온은 K나 Al과 같은 구조 파괴이온보다 더 육각수를 만들 확률이 높다. 우리는 이런 구조형성이온에 의해서 만들어지는 작은 클러스터의 물을 먹을 때 세포에 잘 흡수 될 뿐만 아니라 세포활성화에 도움을 주고 건강에 도움이 된다는 것이다. 아무튼 우리나라 지하수는 세계 어떤 물과 비교하여도 좋은 물이다. 많은 미네랄과, 알칼리성의 pH 산도와 양질의 자연환경 조건도 갖추고 있다. 다만 좋은 물을 보호하고 오랫동안 먹기 위해 마구잡이식 개발이나 환경 파괴하는 일을 막는 길만 이 최선의 물 보존하는 방법인 것이다.

자원적 관점의 물

공기와 더불어 살아가는 데 없어서는 안 될 물질이 물. 그리고 물은 자원 곧 돈이다. 20세기 분쟁의 원인이 '석유'였다면 21세기는 '물'이 될 것이라고 세계은행은 분석했다. 그래서 앞으로는 물 쓰듯 돈을 쓸 게 아니라 '돈 쓰듯 물'을 써야 할 판이다. 이처럼 물의 중요성에 대해서는 재삼 강조할 필요가 없다. 사람은 매일 $2 \sim 3\,\ell$ 의 물을 마시고 있으며, 물을 마시지 못할 경우 $1 \sim 2$ 주 이내에 탈수 증상이 일어나서 사망하게 된다. 그러므로 음식을 먹지 않고서 $4 \sim 5$ 주간 살 수 있으나 물 없이는 1주일도 못 견디는 것이다.

지구에 있는 물의 총량은 13억 8천 5백만㎦ 정도로 추정되고 있다. 이 가운데 97.4%가 바닷물이고 민물은 2.6%에 불과하다. 그나마 이 민 물 중 68.7%가 빙산, 빙하 형태이고 지하수가 30.15%를 차지해 실제 강 이나 호수, 하천 등 이용가능한 물은 1.15%뿐이다. 결국 우리가 이용할 수 있는 물은 지구상에 있는 전체 물의 0.0072%에 지나지 않는다.

유엔 국제인구행동연구소는 지난 2005년도 보고서에서, 1990년에는 28개국 3억 5백만의 인구가 물 기근이나 물 부족을 겪었지만 2025년에는 물 기근이나 물 부족을 겪는 인구가 24억 내지 32억 명으로 증가할 것이라며 심각한 물 부족 사태를 예상했었다. 또한 세계보건기구는 지난해 전 세계적으로 물의 오염 등으로 인해 하루 2만 5천 명이 사망하고 있다고 밝혔다.

우리나라의 경우도 이미 2006년 물 부족 국가로 지정됐다. 건설교통부는 현재 추세라면 우리나라의 물 부족량은 2011년부터는 연간 20억 톤을 넘어설 것으로 분석되고 있다. 이런 현실인데도 우리의 물 소비량은 세계 상위권이다. 환경부가 작성한 자료에 따르면 국민소득을 감안한 물 소비량은 우리나라가 1천 달러당 43.1 ℓ로 세계 최고 수준을 기록했다. 다른 외국은 물론 선진국하고도 비교가 안 된다. 이런 현실 때문에 물을 귀하게 생각하지 않고 그야말로 '물 쓰듯' 물을 헤프게 쓰고 있다. 이제는 달라져야 한다. 아니 달라지지 않으면 언젠가는 주유소처럼 물 배급하는 곳에서 리터당 상당액을 주고 물을 사 먹어야 할 날이 반드시 오고야 말 것이다.

지구상에서 우리가 사용할 수 있는 물의 양은 매우 적다. 지구상에 있는 물의 대부분은 바닷물이기 때문이다. 바닷물은 매우 짜서 사람들이 마시거나 사용할 수가 없다. 우리가 사용할 수 있는 물은 강이나 호수 또는 지하수로 땅속에 있는데 이 물은 지구상에 매우 적은 양 이다. 우리는 이 적은 양의 물을 세계 여러 사람들과 나누어서 사용해야 한다. 그만큼 우리가 사용하는 물은 소중한 자원인 것이다.

성경적 관점의 물

성경에 물에 관해서 대략 250여 곳 정도 나타난다. 성경의 물은 물론 실제 글자 그대로의 물을 말하는 것도 있겠지만 속에 감추고 있는 뜻이 더 많다. 즉, 물에 관한 성경적 관점은 과학적 해석과 차이가 있다. 그 내포하고 있는 내용에 상징하고 있는 의미가 더 크기 때문이다.

궁창의 물

궁창의 물이 40일간 떨어져 내린 것이 노아의 홍수이다. 노아의 홍수는 일반적으로 우리가 상상하는 홍수와 다른데 홍수 전에는 하늘에 물의 띠가 있었다. 우리는 이것을 궁창이라 한다. 이 궁창이 열리면서 땅에는 수면이 50~100미터 상승한 정도로 엄청난 양의 물이 쏟아져 내렸다. 이것이 노아 대홍수이다. 과학자들은 노아홍수 후 사람들 수명이 크게 단축되었을 것이라 말한다. 홍수전에는 900세 이상 살았지만 급격한 수명단축으로 불과 수십년, 지금은 많아야 120세에도 못 미친다. 그 이유가 무엇일까? 첫째, 홍수 전후 추위와 더위가 지금과 같지 않았다. 홍수 전 적도와 극지방 온도차는 $+30℃ \sim -10℃$였지만 홍수 후에 온도차는 $+40℃ \sim -70℃$로 바뀌었다. 둘째, 홍수 후 태양으로부터 적외선으로부터 가시광선을 비롯한 X - 선, 감마선까지 들어오게 되었다. 셋째, 이러한 변화로 인하여 생태계 변화를 가져왔고 그로 인해 심지어 사람들의 음식문화까지 바뀌게 만들었다. 궁창의 물은 노아홍수에 의해 사라졌다. 성경을 보면 이로써 사람의 수명이 급격히 줄어들었다. 평균수명

900세가 넘었지만 홍수 후, 수십 세, 한때는 인류수명이 40세 미만에 불과하였다. 아무튼 사람의 수명은 물과 연관이 있다.

홍해 바다 사건

이스라엘 백성들은 모세의 인도 하에 이집트를 탈출하여 홍해 바다 앞에 다다른다. 뒤에는 이집트 군인들이 쫓아오고 있고, 앞에는 홍해 바다가 가로막고 있다. 이제 이스라엘 사람들은 홍해 바다에 빠져 죽든지 이집트군인들에게 잡혀 죽든지 어차피 죽는 길밖에 없는 상황이었다. 그런데 그 순간 하나님은 홍해를 둘로 나누고 이스라엘 사람들을 홍해 바닷길을 건너게 하였다. 이스라엘 사람들은 눈앞에 조금 전만 하더라도 바다 물로 가득 차 있던 곳에 물이 담벼락처럼 갈라져 있고 바닥은 맨 땅처럼 드러나 건너는 길에 조금도 문제가 없는 것이다. 거기다가 신기하게 뒤따라오던 이집트 군대는 바닷물이 덮쳐 모조리 물에 빠져 버리는 것이다. 이 놀라운 사건을 홍해의 기적이라 부른다.

이 홍해바다 사건은 성경적인 관점에서 해석할 문제이지 과학적으로 도저히 설명될 수 없는 일이다. 특히 성경을 믿지 않는 많은 사람들이 믿을 수 없는 것으로 여기고, 아마 일부 사람들의 착각의 일로 해석하기도 한다. 하지만 과학으로 모든 것이 설명되는 것은 아니다. 특별히 물에 관하여는 더더욱 그렇다.

노아방주 사건

노아방주는 있었던 게 사실일까? 아무튼 많은 사람들이 궁금해 하지만 성경에 기록된 치수로 방주의 크기는 길이가 300규빗(135m), 폭이 50규빗(22.5m), 높이가 30규빗(13.5m)으로 43.200m^{2}의 정도의 부피를 가지고 있다. 그리고 방주는 요즈음 축구장보다 약간 길고 폭은 좁은 공간에 상, 중, 하 3층으로 되어 있다. 여기에 양 240마리를 실을 수 있는 화차 522량에 해당하는 용량을 갖고 있다. 존 우드모라페 박사는 방주에 들어간 동물들의 수를 총 15,754마리(포유류 7,428, 조류 4,602, 파충류 3,724)로 추정하였다. 이처럼 좁은 공간에 그 많은 동물들을 다 태울 수 있었을지 과학적인 의문이 드는 대목이다. 하지만 현대에 와서 선박공학자들에 의해 계산된 방주는 부력과 안정성에 있어서 길이와 폭의 비율이 6:1 황금비율을 갖추고 있음이 밝혀졌다. 미국의 저명한 조선 건축가 디키는 미국전함 USS 오리건 호를 설계할 때 노아방주와 동일한 설계비율을 사용했다고 한다. USS 오리건 호는 지금까지 건조한 군함 가운데 가장 견고한 군함으로 알려져 있다. 그리고 우리나라 해사기술연구소에서 대형수조를 만들어 인공적으로 다양한 높이, 강도, 속도에 따른 조류, 파도, 풍랑, 바람을 만들고, 역시 축소된 내부 선체, 선원을 실은 상태에서 다각적으로 실험을 수행하여 노아방주가 다른 선박보다 뛰어난 안정성을 갖고 있는 배였다는 것을 실증하였다.

마라의 쓴 물

모세와 함께 했던 이스라엘 사람들은 홍해 바닷물이 담벼락처럼 갈라진 바닷속을 정신 없이 지났다. 그리고 뒤따라오던 이집트 군대가 바닷물에 수장되는 광경을 목격하였다. 사건을 목격한 이스라엘 사람들은 북을 치며 춤을 추며 목이 터져라 하나님을 찬송했다. 아마 그들의 찬송 소리는 하늘을 진동했을 것이다. 그런데 이 찬송소리가 3일 만에 아우성으로 바뀐다. 왜냐하면 홍해를 건넌 그들이 광야 길로 들어서자 먹을 물이 바닥이 났다. 목마름으로 심한 고생을 하길 삼일째, 그들은 마라라는 오아시스에 도착한다. 목이 타는 그들은 물을 발견했으니 얼마나 기뻤을까? 허겁지겁 물을 마시려 하였을 것이다. 막상 물을 마셔보니 그물은 쓴물이라 도저히 마실 수가 없었다. 백성들의 입에서 원망의 소리가 터져 나온다. 불과 3일 전 더할 수 없는 기쁨으로 하나님을 찬송했던 그들이 원망으로 가득 차버린 것이다. 그런 가운데 하나님이 마라에 나뭇잎을 던지게 하므로 쓴물이 단물로 바뀌게 하였다. 도저히 먹을 수 없는 물을 마셔도 되는 물이 되게 단든 것이다. 그렇다면 왜 물을 쓰게 한 걸까? 그리고 달게 바꾸었을까? 지금도 많은 사람들은 그 나무를 찾고자 마라의 샘이 있던 근처를 찾아다니고 있다.

물이 포도주로

성경 요한복음에 예수님은 갈릴리 가나의 혼인 잔칫집에 가셨는데, 그때 마침 포도주가 모자랐다. 사람들이 예수님께 말하였다. "예수님, 큰일 났어요! 포도주가 모자라요. 손님들은 자꾸 모여드는데 포도주가 조금밖에 안 남았어요!" 그때 예수님은 여섯 개의 돌 항아리에 물을 채우라고 했다. 하인들은 불평스러웠다. '그렇지 않아도 피곤한데, 포도주가 모자란다고 항아리에 물을 채워?' 그렇지만 하인들은 물을 길어다가 항아리에 부었다. '이제 겨우 한 통 찼다! 이제 다섯 통 남았다!' 항아리 여섯 개에 물이 가득 차자 예수님이 말씀하셨다. "이제는 떠서 연회장에게 갖다 주라" '아니, 물을 갖다 주면 어떡해. 그것은 포도주가 아니라 물인데' 하인들은 그렇게 생각했다. 그렇지만 예수님의 말씀을 따라서 그걸 떠다가 연회장에게 갖다 주었더니 연회장에 모인 사람들이 그 물을 마셔보고 깜짝 놀랐다. "아니! 이런 포도주를 어디서 사왔어? 포도주보다 훨씬 더 맛있네!" 물이 포도주로 변한 것이다. 참으로 기적 같은 일이었다. 물이 포도주로 바뀐다는 건 도저히 과학으로 설명될 수 없는 일이었기 때문이다. 변화에는 물리적 변화와 화학적 변화가 있는데 이 경우 본질이 뒤바뀌는 화학적 변화를 말한다.

지구 대기권과 물

물은 공기층에 저장되어 있다. 그런데 이처럼 물을 지표에 잡아두려면 중력이 지금처럼 적당하고 알맞은 크기가 되어야 한다. 왜냐하면 만일 중력이 목성처럼 크거나 하면 물은 모두 수증기가 되어 전부 증발해 버릴 것이고 달처럼 중력이 너무 작다면 물은 고체상태 얼음으로 물은 존재할 수밖에 없다. 그래서 목성과 같은 무거운 행성에는 아주 가벼운 원소인 수소나 헬륨가스가 가득 차게 하는 것이다. 그리고 사람이 살아가는 데 가장 적절한 온도 범위는 $-10℃\sim40℃$ 정도, 특히 이 온도는 물이 고체(얼음), 액체(물), 기체(수증기) 3가지 상태로 공존하는 구간이다. 그런데 물이 지구 표면, 바다를 가득 채우기 위해서 태양은 내부 온도가 2,000만℃, 표면의 온도는 6,000℃, 그리고 태양이 지구와의 1억 5천만 km로

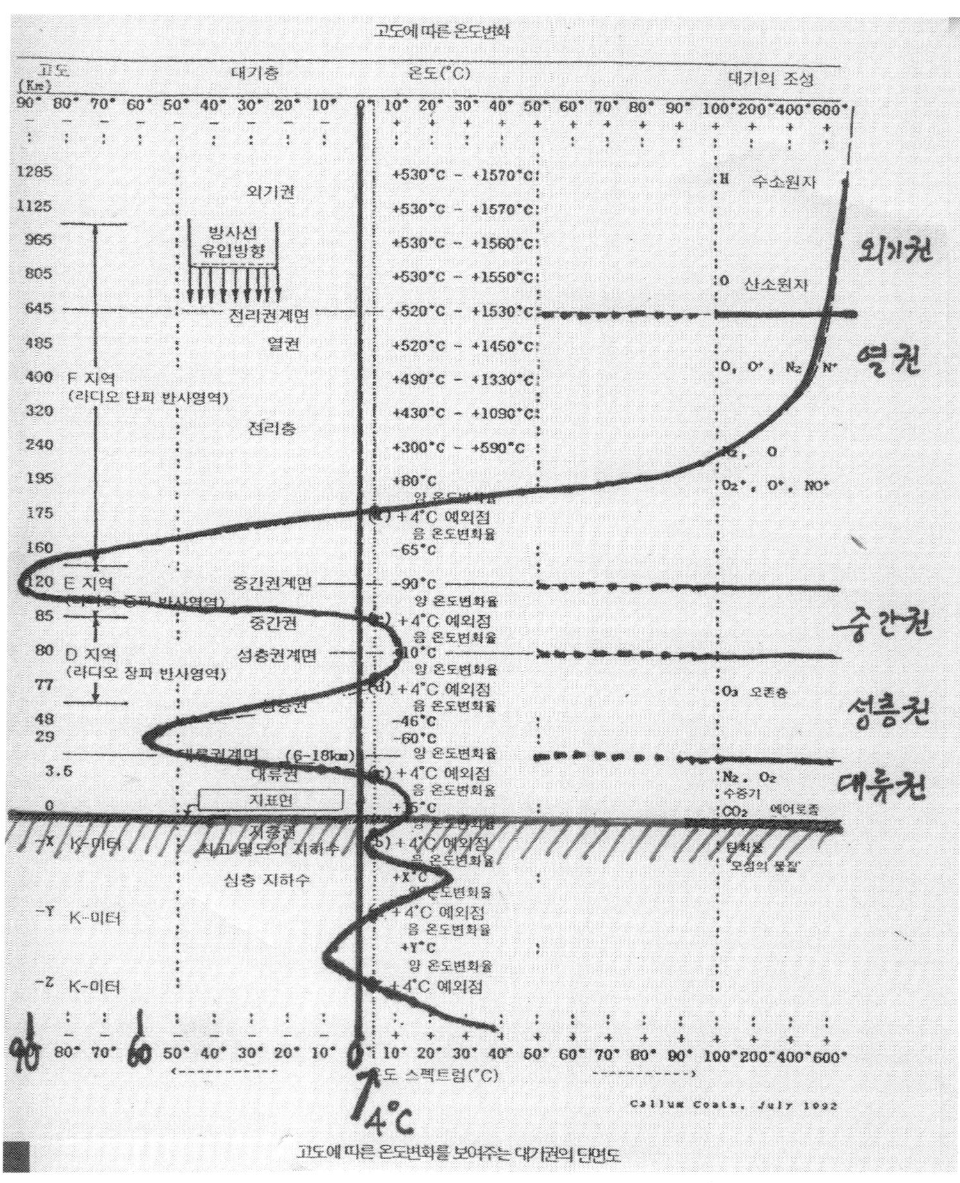

지구 대기권의 온도변화곡선

적당한 거리를 유지하는 것이다.

물이 지표에 존재하는 것이 우리 사람들에게 어떤 유익을 줄까? 유익을 준다면 어떤 과학적인 의미가 있는가? 그림에서 보는 것처럼 많은 온도변화가 일어나는 것을 볼 수가 있는데 특히, 기온변화를 유심히 살펴보고 있노라면 특별한 이유가 있을 듯싶다.

우주에서 지구를 바라보고 있노라면 지구는 생명을 감싸 안고 있는 양수(羊水)처럼 보인다. 엄마 품에 편안하게 안겨 우주를 떠다니고 대기가 태양과 우주로부터 날아드는 유해한 방사선으로부터 보호하고 있기 때문이다. 그것은 대기권 안에 물이라는 액체를 포함하고 있기 때문인데 물은 비열이 높아 열에너지가 유입되더라도 온도 상승을 서서히 일어나도록 늦추고 역으로 열에너지가 방출되더라도 다른 물질에 비해 온도하강 속도를 느리게 하기 때문이다. 그뿐만이 아니다. 물은 다른 액체들과 달리 독특한 물성을 지니고 있다. 물의 성질 가운 데 '특이점' +4℃를 말하는데 이온도에서 물의 밀도가 최대가 되고, 특이하게도 액체인 이온도에서 예외적인 팽창을 하게 되는데 고체상태 얼음보다 밀도가 크다. 그렇다면 대기권에서 어떤 역할을 할까?

물의 특성 가운데 유전상수(κ)가 81이나 된다. 이는 진공보다 무려 81배나 큰 것이다. 따라서 순수한 물이 −40℃ 정도에서 얼기 시작해서 구름은 −10℃에서 얼게 만드는 것이다. 사람이 살 수 있는 온도가 −40℃에서 −10℃인 점을 유념할 필요가 있다.

이와 같이 이러한 물의 특이한 성질 때문에 대류권 29km에서 −60℃, 80km로 올라가면 다시 +10℃로 증가하게 된다. 따라서 온도가 +4℃

지점이 존재하게 되는 것이다. 대기권 온도변화를 추적하다 보면 +4℃ 지점이 35km, 77km, 85km, 175km 고도에서 나타나게 된다. 이층은 적운과 권운(대류권), 전운층(성층권), 주광성 구름(중간권)에 해당한다. 이층에서 전기의 전달을 차단하는 일종의 저항역할을 해줌으로써 전하를 축전하는 일종의 축전기역할을 하게 되는 것이다.

축전기란 양극과 음극 두 판 사이에 절연체가 끼워 넣어 판축전기를 만들 수 있는데 전기용량(C)은 판의 간격이 d이고 면적이 A라면 전기용량(C)은 C = ε_0A/d 가 된다. 전기용량은 면적 A 에 비례하고 간격 d 에 반비례하므로 양질의 축전기가 될 수 있다. 여기서 ε_0는 수증기(물)는 81이라는 높은 유전상수 값을 가지기 때문이다.

더더욱 지구는 태양으로부터 비전해질 층(수증기)이 곡율반경이 축소되므로 해서 면적이 줄어든다. 따라서 태양으로부터 발원되어 지구표면으로 전달되는 에너지가 점점 더 강하여 지게 되어 지표면에 도달할 때 정점에 이르게 된다. 보다 넓은 우주적 관점에서 본다면 지구를 겹겹이 싸고 있는

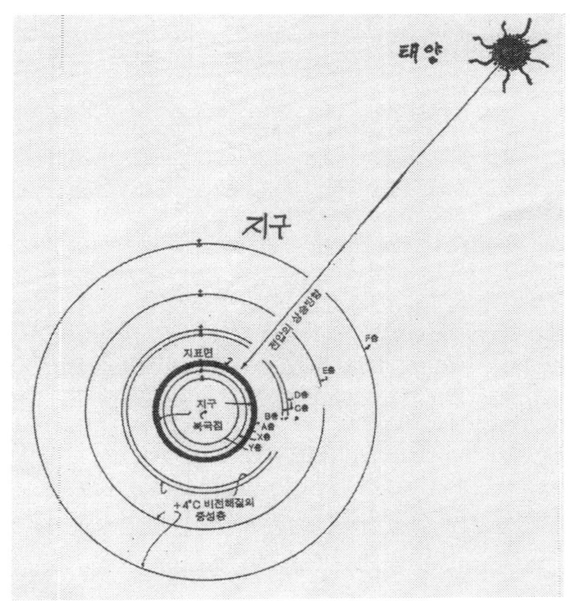

지구는 하나의 큰 축전기

수증기층이 지구를 따뜻하게 만들뿐만 아니라 보호하여 많은 생명체가 살 수 있도록 감싸고 있는 것이다. 또한 4℃ 수증기층은 지구반경 약 12,660,912km에서 겨우 175km 점을 감안하여 겨우 1.38%에 불과 두께 층을 형성하고 있다. 이것은 지구본에서 겨우 페인트를 발라놓은 층 정도에 불과한 것으로 지구상에 생명을 잉태시키기 위한 각별한 배려와 준비 작업이 없이는 불가능한 일이라 할 수 있다.

생각해보기

1. 물과 생명의 연관성을 설명하라.

2. 물의 '4℃' 특이성으로 나타나는 자연현상을 말하라.

3. 물에 관한 과학적 현상을 몇 가지 말하여 보라.

4. 좋은 물, 나쁜 물은 어떻게 구분할까?

5. 물은 답을 알고 있다(Ⅰ, Ⅱ)(에모토 마사루)를 읽고 느낀 점 쓰기

제5장

시작과 끝

우주의 시작

빅뱅

우주는 약 150억 년 전 먼지보다도 더 작은 아기 우주였다. 그 크기가 10^{-34}cm이고 온도는 무려 10^{32}K, 마침내 대폭발을 일으킨다. 그때의 시각은 10^{-44}초, 거의 0시에 가까운 시간이었다. 이것이 시간의 시작이다. 우리는 이러한 우주의 탄생 스토리를 빅뱅(BIG BANG)이라 부르고 있다.

빅뱅 이후, 1초 안에 우주는 극적으로 팽창하며 식어갔고 순식간에 수조 도(℃)에서 수십억 도로 내려갔다. 이때 우주는 주로 양성자·중성자·전자만 있었다. 이들은 모두 빛의 바다 속에 헤엄치고 있었다. 수소원자 안에서 한 양성자는 몇 분 안에 다른 양성자와 상호 작용하여 헬륨과 같은 가벼운 원소를 만든다. 우주 안에 존재하는 수소와 헬륨의 비율이 지금과 같은 비율로 이때 결정된 것이다. 뜨거운 우주가 10억 년쯤 지났을 때 첫 번째 별과 은하들이 만들어진다. 그리고 별의 내부에서는 핵반응이 일어나고 그 핵반응은 중간 크기의 원소를 만들었고 무거운 원소들은 별들이 죽어가는 극단적인 환경에서 만들어진다. 탄소, 산소, 질소 인과 같은 무거운 원소들은 이러한 별에서 만들어진 것이고 이들 원소들로 생명체가 탄생하게 된다. 이처럼 작은 불씨는 현재처럼 거대하고 바다의 모래만큼 많은 별들로 가득 찬 거대한 우주로 된 것이다. 지금, 우주 속에는 은하의 수가 1000억 개, 그리고 은하마다 별들의 수는 적어도 1000억 개가 넘는다고 말한다. 따라서 이들 우주 속 별들을 모두 합하면 10^{22}개 정도이다. 지구 약 50억 인구 한 사람당 약 2조개씩 별이 돌아간다.

$$10^{22} = 10,000,000,000,000,000,000,000개$$

빅뱅

지금부터 약 150억 년 전, 먼지보다도 더 작은 하나의 불덩이(fire ball)가 빅뱅을 일으킨 직후 우주는 급격히 식어간다. 1초가 지나기도 전에 현재 우주의 절반 크기로 팽창하였으며, 처음 3분간은 숨 막히는 순간이었다. 그러나 아직 생명체는 물론 원자, 작은 소립자조차 만들어지지 않는 초고진공의 세계이다. 이후 많은 시간이 지난다. 온도가 많이 떨어지게 되었으며 비로소 원자, 분자, 물질이 나타나며 은하, 별, 지구, 사람, 생명체들이 탄생하게 된다. 150억 년이 지난 지금 우주의 온도는 절대온도로 3K(영하 −270℃)로 싸늘한 우주가 된다. 이것이 빅뱅이론이다. 우주는 빅뱅에 의해 만들어졌고 지금도 우주 끝은 150억 광년 밖으로 점점 팽창하면서 넓어지고 있다.

BIG BANG 과정

최초의 아기우주   : ???
빅뱅(Big Bang)   : 150억 년 전 우주의 대폭발사건, 우주 크기10^{-34}cm,
                          온도10^{32}K, 시간 10^{-44}초 수소, 헬륨 생성
별들의 탄생   : 100억 년 전, 초신성 탄생
태양 행성 사람 탄생 : 50억 년 전
현재   : 우주의 크기 10^{26}m, 온도 3K(영하 -270℃)

퀘이사

그러면 150억 광년 우주의 끝에는 무엇이 있을까? 1987년 허블은 140억 광년 떨어진 곳에 있는 '퀘이사'(Quasar)를 발견하였다. 그래서 붙여진 이름을 Q0051-279라 명명하였다. 퀘이사란 별이라기보다 '준항성상 천체'로서 우리 은하보다 100배 이상 크고 밝기가 태양의 1억 배가 넘는다. 먼 곳에 비출 만큼 밝은 빛, 큰 에너지를 갖고 있으니 별이라 부를 수 없다. 그런데 그처럼 밝은 빛을 방출하는 부분이 1광년이 채 안 되는 좁은 영역이다. 이와 같이 큰 에너지를 방출하려면 태양의 핵융합반응보다 특별한 방법이 있어야 되는데 아마도 과학자들은 그

안에 거대한 블랙홀이 자리 잡고 있을 것으로 믿는다. 그러면 우주가 팽창하고 있다는 어떻게 알 수 있을까?

첫 번째 증거는 '시간이 미래로 흐르고 있다'는 사실이다. 지금 우주는 과거, 현재, 미래 순서로 진행되고 있으며, 시간의 흐름은 멈추거나 거꾸로 흐를 수 없다. 인간은 그 시간의 흐름 속에 존재할 뿐이다. 만일 우주가 팽창을 멈춘다면 시간이 정지됨을 의미하는 것이다.

둘째, 우주가 팽창한다는 증거는 '적색편이'이다. 적색편이(red shift)란 빛 에너지가 감소하는 현상을 말한다. 이런 현상일 때는 빛의 파장의 길이가 커지는 결과를 가져온다. 즉, 가시광선 가운데 붉은 색이 파장의 길이가 가장 큰 것인데 별들이 지구로부터 멀어지게 되면 그 에너지가 줄어들 것이고 그럴 경우 빛의 파장이 커지는 것이다. 이때 붉은색 쪽으로 파장이 변이가 일어나는데 이것을 적색편이라 부른다. 따라서 적색편이가 일어난다는 것은 별들이 점점 멀어지고 있다는 증거이다. 마치 고무풍선이 부풀어 오르면 그 고무풍선에 그려진 무늬가 흐려지듯이 별이 멀어지면 별이 점차 흐려지게 되어 적색편이 현상으로 이어진다. 그 계산법은 허블법칙에 의해서 가능 한대, 식으로 표현하면 다음과 같다.

$$V = H \times r$$

여기서 V는 은하의 후퇴속도, H는 허블상수, 또한 r은 은하의 거리를 나타낸다. 그러므로 우주의 끝 r = C/H에서 빛의 속도인 C는 30만 km/초와 허블상수 H 약 100을 대입, 우주의 크기 150억 광년을 얻을 수 있다. 그렇다면 우주의 끝 150억 광년을 넘어서면 무엇이 있을까? 150억 광년 너머에는 아무것도 없다. '아무것도 없다'의 뜻은 "진공조차 없는" 무(無)의 공간을 의미한다. 그곳이 바로 우주의 끝이다. 아인슈타인은 "하나님이 이 세상을 지금과는 다르게 만들 수도 있었을까"라는 질문을 하였다고 한다. 이런 경이롭고도 신비롭기까지 한 질문을 누구나 다 할 수 있다고 생각한다.

블랙홀

사람이 태어나고 죽는 과정을 다 알지 못한다. 하지만 별들은 자기가 태어나서 죽는 과정을 다 알고 있다. 별이 태어나서 죽는 과정을 별의 진화라고 부른다. 별이 죽을 때에는 격렬한 폭발과정을 수반하는데 그 뒤에 생길 수 있는 천체를 별의 질량에 따라 백색왜성, 중성자별, 블랙홀 이렇게 구분한다. 태양을 비롯하여 질량이 비슷한 다른 별들은 진화의 마지막 단계에서 바깥쪽 부분은 팽창하고 중심 핵 부분은 계속적으로 수축하여 불안정한 이중구조를 가지게 된다. 이것이 행성상 성운과 백색왜성이 만들어지는 과정이다.

거성의 불안정한 바깥층이 폭발하면서 물질을 우주 공간으로 날려 보낸다. 이때 별 주위에 둥근 고리 모양의 성운이 만들어지는데, 이를 행성상 성운이라 부른다. 지상에서 작은 망원경으로 관측하면 마치 행성처럼 둥근 원반으로 보여 이러한 이름이 붙었다. 성운 중심에는 백색왜성이 있다. 백색왜성은 말 그대로 작고 하얀 별로서 내부의 핵반응이 끝나고 남은 열로 빛을 내며 별의 일생을 마치는 별로 내부에는 전자의 축퇴로 유지된다. 아래 그림은 거문고자리의 M57이라는 행성상 성운과 가운데 부분 백색왜성을 보여준다. 이처럼 별들의 진화 과정을 간단하게 요약하면,

중력   핵융합(1000℃)
가스와 먼지구름 → 원시의 별 → 주계열성 → 적색거성 〈 백색왜성
                                  초신성 〈 중성자별(1.4 〈 M 〈 3)
                                            블랙홀(M 〉 3)

　여기서 가스와 먼지들이 모여 중력에 의해 원시의 별이 만들어지고 원시의 별은 1000℃이상에서 핵융합반응으로 주계열성이 만들어진다. 주계열성은 수소가 헬륨으로, 헬륨이 다시 탄소, 산소, 마그네슘 등으로 최종적으로 철이나 니켈로 바뀜으로써 태양질량보다 3배 작다. 태양보다 질량이 작은 경우, 별은 장수하게 되는데 태양 질량의 1.4배 이하일 때 백색왜성이 되고 태양 질량의 1.4배 이상이면 중력수축이 일어나고 폭발하여 중성자별(반경 10㎞, 수십억 톤/㎤)이 된다. 그리고 3배 이상이면 중력붕괴가 일어나 블랙홀이 되는 것이다. 블랙홀, '모든 것이 빨려들어가기만 하고 아무것도 탈출할 수 없는' 별이 있다. 이 별은 '공간 속의 검은 구멍'이라 말하기도하고 '우주의 수렁'과도 같다고도 한다. 이름하여 이것을 블랙홀(Black Hole)이라 부른다. 어쩌면 블랙홀은 별이라기보다 거대한 은하이거나 천체라 해야 옳을지도 모른다. 왜냐하면 그 크기는 직경이 수 ㎞정도에 불과하지만 1㎤ 부피에 수백억 톤 이상의 엄청난 질량을 가지고 있기 때문이다.
　그렇다면 블랙홀은 어디서 어떻게 만들어지나? 그것은 엄청난 중력에

의해 거대한 압력에 의해서 초정밀도로 만들어진다. 예를 들어 별이 수명을 다하게 되면 폭발을 하게 되는데 이 때 별의 시체가 블랙홀이 된다. 또한 다른 방법은 은하가 만들어지면서 은하 중심에 존재하는 것이 블랙홀이다. 이들은 은하 중심 안에서 모든 물질을 빨아들이고 결코 아무것도 밖으로 내보내주지 않는다. 그것은 워낙 질량과 밀도가 크기 때문에 강력한 중력을 갖게 되고 심지어 빛조차 빨려 들어가면 다시 빠져 나오지 못하는 것이다. 그를 밖에서 볼 수 없으므로 검은 함정과도 같다고 할 수 있다. 이처럼 빛조차 완전 흡수하고 강력한 블랙홀이 되려면 어떤 크기로 얼마쯤 되어야 할까? 블랙홀의 반경(r_g)을 나타내는 식,

$$r_g = 2GM/c^2$$

에 의하여 구할 수 있다. 여기서 c는 빛의 속도, M은 별의 질량, G는 중력상수이다. 따라서 이 식에 대입, 지구가 블랙홀이 되려면 지구의 반경이 6,400km → 0.9cm로 축소되고, 태양은 현재 약 700,000km에서 → 2.5km로 줄어들어야 한다. 마치 지구는 탁구공 크기로 줄어들고, 태양은 큰 축구장 크기로 되었을 때, 완전한 블랙홀로 변신할 수 있게 되는 것이다.

그러면 어떻게 우리가 블랙홀을 볼 수 있다는 말인가? 앞서 이야기한 대로 블랙홀은 볼 수 없다. 따라서 아무리 좋은 망원경이나 눈으로 관찰할 수 없다. 그러나 1971년 NASA(미항공우주국)의 X선 천문 위성 '우후루'는 지구로부터 8000광년 떨어진 곳에서 기묘한 X선을 포착하였다. 이 X선의 강도가 0.05초 이하라는 매우 짧은 주기로 변동하고 있었으며 매우 작은 천체가 X선원이라는 것을 보여 주었다. 이를 계속해서 천체

과학자들이 별 주위를 조용히 살피던 중, 맹렬히 가스를 흡수하고 강한 X선을 방출하는 항성체가 있음을 확인하고 그 곁에 또 다른 동반성이 있음을 알았다.

이리하여 발견한 블랙홀이 Cygnus X－1(백조자리 X－1)이고 그 동반성은 정상의 별'HDE226868'로 명명되었다. 이 정상의 별은 태양의 20배가 넘는 청색의 초거성으로 블랙홀 주위를 5~6일에 한 바퀴씩 돌고 있었다. 그리고 블랙홀 Cygnus X－1과는 쌍둥이처럼 연계성으로 되어 있었다. 여기서 신기한 점은 블랙홀이 아령(啞鈴)이나 쌍둥이처럼 동반성으로 존재하고 있다는 점이다. 블랙홀은 질량에 비해 크기가 아주 작지만 동반성은 정상적인 질량과 크기를 지녔다. 따라서 블랙홀을 움직임은 정상의 별과 함께, 아령이 쌍을 이루어 같이 움직일 수밖에 없듯이 움직일 수밖에 없다. 따라서 블랙홀은 정상의 별을 관찰하면 그 모든 거동을 확인하고 관찰이 가능하다.

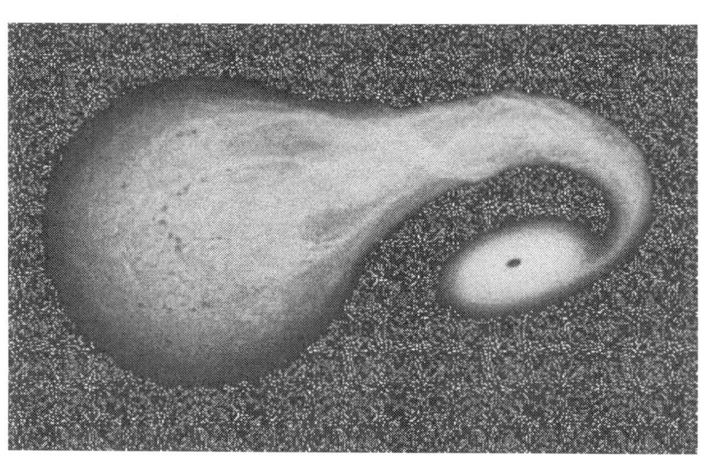

블랙홀 Cygnus X－1과 동반성 HDE226868

그러면 우주에 블랙홀은 몇 개나 있을까? 과학자들은 우주 가운데 은하의 수가 1000억 개가 넘게 있으니 만일 은하마다 1개씩만 존재하여 적어도 1000억이 되지 않을까 추측한다. 하지만 아직 정확히 확인된 블랙홀은 그리 많지 않고, 지금까지 가장 확실한 블랙홀은 지구로부터 8000광년 떨어진 Cygnus X - 1뿐이다.

외계생명체

외계인은 존재할까? 존재한다면 어느 별이고 피부색은 무슨 색일까? 인간처럼 지능이 발달한 생명체, 고등인간이 살고 있다면 녹색인간은 아닐지. 왜냐하면 스스로 광합성으로 식량을 만들어 자급자족 해야 할지도 모르기 때문이다. 태양계에서 가장 가까운 별은 알파 센타우루스. 태양으로부터 4.3광년, 이것은 3중성으로 프록시마, 알파 센타우리 A, B 등이다. 저들은 태양계에 가깝다고는 하나 알파 센타우리 A, B 사이의 거리만도 태양과 지구 사이의 거리의 23배나 되는 것으로 알려져 있다. 그 다음으로 가까운 별은 망원경으로도 관찰이 가능한 뱀주인자리의 버나드 별, 그리고 가장 밝은 별로 알려진 시리우스는 약 8.6광년 떨어진 다섯 번째 가까운 별이다. 태양으로부터 반경이 약 13광년 거리 공간에 분포하고 있는 별은 25개뿐이다. 즉, 빛의 속도로 13년 동안 다녀도 찾을 수 있는 별의 총 수가 겨우 25개에 불과하다는 뜻이다.

그러나 사람들은 우주여행을 꿈꾸고 있다. 우리가 우주여행을 하려면 적어도 빛 속도에 가까운 우주선을 개발해야 한다. 하지만 지금의 우주

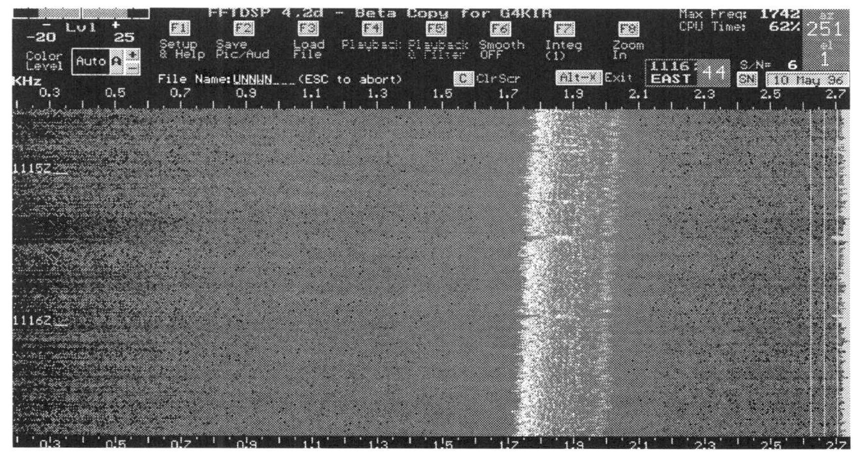

전파 망원경이 잡은 우주에서 날아온 노이즈

선 속도는 고작 시속 5만 6000㎞ 정도에 불과하다. 우리가 태양계 끝자락에 위치한 명왕성까지 가려면 빛 속도로 7시간 정도 걸린다. 그런데 지금의 우주선 속도로는 명왕성까지 가려면 얼마나 걸릴지? 실제로 1977년 8월과 9월 보이저 1, 2호가 우주여행의 목적으로 발사 되었다. 이때가 마침 목성, 토성, 천왕성, 해왕성 한 줄로 늘어선 해였다. 이러한 유리한 조건에서도 저들 우주선은 천왕성에 도달하는데 9년, 명왕성 궤도에 이르는데 12년이 걸렸다. 그렇다면 저들 우주선이 태양계에서 가장 가깝다고 알려진 4.3광년의 센타우루스까지 2만 5천 년쯤 걸리게 될 것이다. 하물며 우리가 만화나 공상영화에서 꿈꾸는 안드로메다 은하는 지구로부터 200만 광년 거리에 위치하는 은하이다. 안드로메다까지의 우주선 여행은 계산해보는 의미가 없을 듯싶다.

그럼에도 불구하고 사람들은 미지의 지적 생명체가 있을 것으로 생각한다. 어딘가 제2의 태양이 존재하고 지구와 같은 행성이 있을 거라 믿는 것이다. 그리고 그곳에는 필경 인간처럼 지능이 발달한 생명체가 존재할 것을 확신한다. 만일 그곳에 새로운 고등 인간이 있다면 어떻게 생겼을까? 어쩌면 우리 인간들보다 지능과 과학문명이 발달한 족속은 아닐지 상상을 아끼지 않는다. 태양계를 중심으로 반경 13광년 거리에 흩어져 있는 25개의 별들. 그래서 저들이 타고 다니는 비행체는 흔히 UFO와 같은 빛에 가까운 속도로 달리는 신나는 물건이 존재한다고 믿고 있다.

영국 천문학자들이 2003년 발견한 우리 태양계와 흡사한 '쌍둥이'태양계가 있다. 왼쪽 작은 별은 쌍둥이 태양계의 항성(일명 HD70642)이 있고 오른쪽에는 목성과 흡사한 공전 궤도와 공전 주기를 갖는 행성이 있다. 과학자들은 그런 곳에서 미지의 외계인을 찾고자 많은 노력을 하고 있다. 실제로 미국 NASA 과학자들은 'SETI 계획'을 세우고 미지의 우주 외계인에게 전파망원경을 통해 신호를 보낸다. 'SETI 계획'이란 외계지적생명체탐사로 우주의 어딘가에 지구인보다 지능이 뛰어난 생물이 살고 있을 것으로 보고 탐사하려는 계획이다. 우주에는 우리은하와 같은 은하가

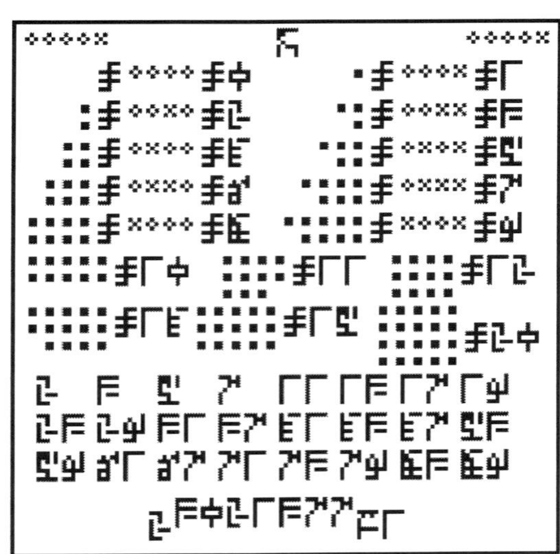

지구에서 외계로 보낸 신호

1000억 개가 있고, 또 그 안에 각각 1000억 개 이상씩의 태양계와 같은 별이 있을 것으로 추산된다. 그중 10%만 잡아도 약 100억 개가 태양처럼 지구라는 행성을 거느리고 있다고 상상이 된다. 그 가운데 생명체가 있을 가능성이 높은 별, 30만개가 모여 있는 구성성단 M13을 향해 인류 메시지를 보낸 것이다. M13까지 거리는 2만 4천 광년, 그러나 설사 그곳 지적 생명체가 존재하더라도 우리가 보낸 메시지를 듣기까지 2만 4천 년 걸려야 한다. 그리고 다시 회신을 받으려면 4만 8천년, 오늘 저들에게 보낸 메시지가 도착해서 이곳에 답신이 오기까지는 또 그만큼 세월이 지나야 듣게 될 것이다. 위 사진은 전파망원경이 잡은 외계에서 온 신호이다. 푸른색 배경에 밝은 색으로 나타난 그래프에 수직 축은 시간을 나타내고 수평축은 진동수를 나타낸다. 신호의 대부분은 '노이즈'이고 일부 신호 가운데 근원을 알 수 없는 것도 보인다. 모든 신호들은 분석은 불가능하지만 아직 강하고 길게 계속되는 외계인의 숨소리조차 없다.

1960년대 이후 '외계지적생명체탐사(SETI)'가 이루어졌다. 지금도 푸에르토리코의 아레시보 전파망원경 등에 수집된 수많은 전파신호를 전 세계 4백만 여 명의 동호인이 나눠 가져 외계인이 보냈을 법한 신호를 분석하는 중이다. 최근 화성에 착륙한 탐사로봇 스피릿의 주된 임무 또한 생명체의 존재 또는 흔적을 찾아내는 일환이라 할 수 있다. 과연 우주에 존재하는 생명체는 우리뿐일까? 칼 세이건 박사는 "우리 은하계 안에 2천억 개의 항성이 있고 이를 감안하면 약 1백만 개의 '기술문명'이 존재할 것"이라 했다. 그렇다면 지구와 비슷한 크기에 표면온도도 비슷한 행성을 찾아야 한다. 태양 같은 항성 주변의 행성을 찾는 일은 말만큼 쉽

지 않다. 밤하늘에 보이는 별은 대부분 스스로 빛을 내는 항성이기 때문
이다. 그리고 그 가운데 생명체가 살고 있는지를 확인하는 것은 모래 가
운데 진주를 찾아내는 것보다 더 어려운 작업이 될지 모르기 때문이다.

태양과 지구

태양은 지구보다 질량이 33만 배, 부피가 지구의 108배나 큰 태양계
에서 유일한 항성이다. 그 속에 지구를 담는다면 130만 개나 들어갈 만
큼 엄청나게 큰 별이다. 스스로 빛을 낼 수 있는 유일한 별, 뿐만 아니
라 태양계 전체 비중에서 99.7%나 차지하므로 목성을 비롯한 모든 9개
행성을 다 합쳐놓아도 불과 0.3%에 지나지 않는다. 또한 태양의 중력은
지구보다 약 28배가 넘어 이곳에 가득 찬 수소를 압축해 놓고 있다. 중
심의 온도는 2천만℃, 표면 온도가 6,000℃에 이르러 그야말로 이글이
글 끓고 있는 불덩어리이다. 그리고 무엇보다 태양은 지구와의 거리를 1
억 5천만 km로 알맞게 유지해서 지구 온도가 15℃로 사람 살아가기에
적당한 온도를 만들어 준다. 또한 태양은 160분당 3km씩 맥동운동, 숨쉬
기 운동을 하는데 이것이 태양을 젊고 아름다움을 간직하게 한다.

그런데 태양은 최근 안타까운 일이 하나 있었다. 바로 명왕성, 명왕성
은 그의 9번째 행성, 2006년 8월 24일 국제천문연맹(IAU)은 체코 프라
하에서 열린 총회에서 기존 9개의 행성목록에서 명왕성을 퇴출시킨 것
이다. 1930년 처음 발견된 이래 76년 만에 태양계 행성의 지위를 잃게
된 셈이다. 자격을 잃게 된 이유는 본래 행성이 될 자격이 '태양 주변을

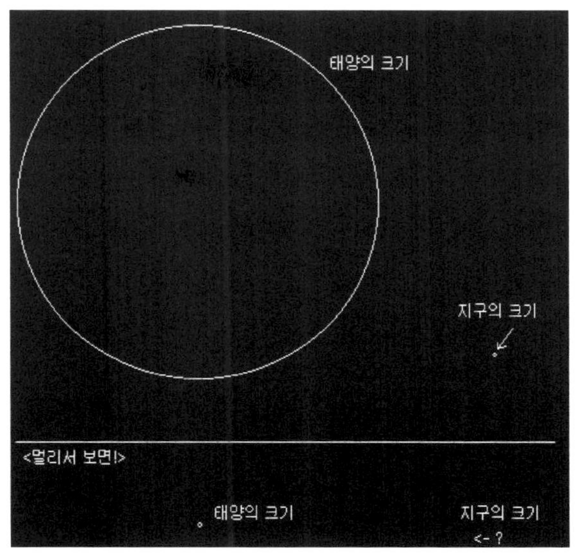

태양과 지구의 크기 비교
(지구는 먼지처럼)

태양과 행성들의 비교:
(상): 지구/금성/화성/수성/명왕성
(중): 토성/목성/천왕성/해왕성/지구/금성/
화성/수성/명왕성
(하): 태양/목성/토성/천왕성/해왕성/지구/
금성…

돌며 태양 자신의 중력에 의해 구형이 된 천체'라야 하고 '태양궤도 주변지역에서 가장 큰 천체로써 충분한 질량과 중력을 지님으로써 정력학적 평형을 유지할 수 있는 원형형태이어야' 한다는 조건을 갖추어야 한다. 그런데 두 번째 항목이 탈락이유다. 또한 '공전 구역 내에서 지배적인 역할을 하며 핵융합반응이 일어나지 않아야 한다는' 새로운 조건도 추가되었다. 사실 명왕성은 해왕성의 궤도와 일부 겹치고 크기가 위성 카론과 크기가 비슷하여 너무 작다는 논란이 오래 제기되어 왔었다. 하긴 우리가 살고 있는 지구가 명왕성에 비해 그리 뛰어나던가? 지구 크기가 골프공이라면 목성은 농구공이고 토성이 축구공, 금성 탁구공, 해왕성은 야구공, 그리고 명왕성은 작은 구슬 크기, 여기 태양과 지구의 크기를 비교한 사진이 있다. 태양 곁에 있는 지구는 작은 좁쌀처럼 보인다.

지금 태양의 나이는 약 50억 살, 이만큼 오래 살았음에도 아직 그 젊음을 유지하는 비결은 무엇일까? 앞서 지적한 대로 태양의 주성분이 92%가 수소이다. 이 수소가 2500기압으로 응축되어 있어서, 날마다 수소핵융합반응을 일으킨다. 수소핵폭탄을 터트리고 있는 셈이다.

정확하게 4개의 수소원자핵이 한 개의 헬륨원자핵으로 바뀌는 것이 원자핵반응이다. 태양은 1초에 약5억 9천 7백만 톤의 수소를 5억 9천 3백만 톤의 헬륨으로 바꾸는데 그 차인 약 400만 톤이 에너지로 바뀌게 되는 것이다. 이렇게 약 50억년 동안 에너지를 만들어 온 것. 그리하여 만들어지는 에너지는 어마어마한 양은 그가 거느리고 있는 행성들에게 공급해주고 있다. 여기 지구에 사는 우리들에게도 1분당/㎠에 약 2칼로리씩 에너지를 공급해주고 있다.

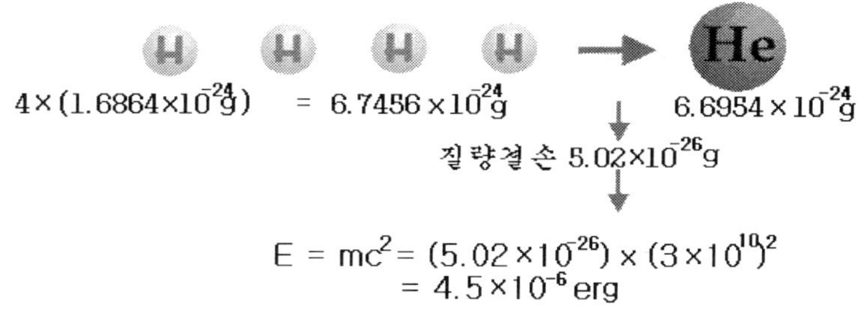

수소핵융합반응 개략도

그렇다면 태양은 언제 어느 때까지 지구에 에너지를 공급해 주게 될까? 만일 태양이 수소를 모두 소모해버리면 지구는 어떻게 되는 것일까?

지금까지 50억 년이 지났지만 겨우 0.3%의 질량을 소모했을 뿐이다. 아직 남은 수소가 헬륨으로 바뀌어 그래서 지금 태양은 그만큼 내부 온도는 뜨거워지고 있는 것이다. 만일 태양의 내부 온도가 너무 뜨거워져서 1억 도가 넘게 되면 헬륨은 탄소로 바뀌는 핵반응을 또 시작할 것이다. 그러면 헬륨과 수소가 타는 2중 핵반응이 이루어져서 더욱 뜨거워지겠지만 이것이 점점 태양 표면으로 이동하고 태양은 부풀어 오를 것이다. 결국 부풀어 올라 붉은색의 적색거성으로 변하게 되고, 적색거성이 된 태양은 점점 에너지를 잃게 되어 밀도는 크기가 작아지는 백색왜성으로 변한다. 백색왜성은 밀도가 한 스푼에 1톤이나 되는 고밀도의 별이다. 이때가 되면 태양의 외곽 층부터 부스러져 흩어지고 내부에서는 백색왜성의 단계를 거치면서 흑색왜성으로 별의 일생을 마감하게 될 것이다. 그런데 태양이 백색왜성이 되기 전에 부피가 점차 늘어나게 되는데 제일 먼지 수성을 점령하게 될 만큼 반경이 커지고 다음으로 금성, 이어서 태양이 지구의 궤도 반경보다 더 커져서 지구를 삼켜버리게 된다. 이때가 되면 지구는 뜨거움과 암흑과 같은 어두움, 그리고 혹한으로 인하여 모두 멸망하게 될 것이다. 지금부터 적어도 50억 년 후에나 일어날 먼 훗날의 일이다.

지구의 큰형

　최근 한 독일인 소년이 등교 길에 운석에 맞았지만 그는 운 좋게 살았다. 독일에 사는 게리트 블랭크(14)는 등교 길에서 하늘에서 날아온

의문의 돌을 손에 맞았다. 그리고 천둥소리와도 같은 굉음이 울려 퍼지면서 소년이 서 있는 지점 바로 앞에 30㎝의 구덩이가 생겼다. 소년은 "갑자기 하늘에서 번쩍거리는 불빛이 보였고 그 순간 손에 찌릿한 고통이 느껴졌다."고 말했다. 소년을 스친 의문의 돌은 바로 우주에서 4만 km/h의 속도로 날아온 운석이었는데 근처를 조사한 결과 "구덩이에서 우주에서 날아온 작은 콩알 크기의 운석을 발견했다."

목성은 지구의 큰형님 격이다. 지구보다 직경이 11배, 부피는 1300배, 질량은 318배나 되며 태양계 내에 목성을 제외한 8개 행성을 모두 합친 것보다 25배나 크고 중력은 지구의 2.5배가 넘는다. 이런 목성을 가리켜 '작은 태양'이라 부른다. 그런 이유가 행성 가운데 가장 크고 태양을 빼어 닮았기 때문이다. 그러나 목성이 어디서 생겨났고, 왜 스스로 빛을 내지 못하는지 알지 못한다.

목성은 지구 외곽 주위를 돌고 있다. 그런데 화성과 목성 사이에는 수많은 소행성이 있다. 지금까지 발견된 그 숫자만도 수천 개에 이르는데 가장 큰 소행성 케레로스는 직경이 무려 1000㎞가 넘는다. 이런 소행성들은 지구를 날마다 위협한다. 매해 지구의 중력에 이끌려 수백 개씩 지구로 떨어지거나 아슬아슬하게 스쳐지나가기도 하며 어떤 때에는 집중적으로 지구 위로 떨어져 '별똥별'쇼를 보여주기도 한다.

소행성이 직경 10m만 되어도 지구와 충돌하면 50메가톤급 폭탄이 터지는 위력이다. 이런 정도면 적어도 50㎞ 반경은 충분히 파괴된다. 직경이 10㎞라면 1억 메가톤급, 실제로 6500만 년 전 공룡의 멸종 사건은 10㎞ 크기 소행성이 지구와 충돌하여 발생한 사건으로 추정되고 있다. 그리

고 1908년 시베리아 퉁구스카에 떨어져 주변 2000㎢를 황폐화시켰던 소
행성은 지름이 60m에 불과한 것이었다. 과학자들은 2019년 2월1일 소행
성이 지구와 충돌할지도 모른다고 말한다. 지름이 2km 가량으로 '2002NT7'
로 명명된 이 소행성은 현재는 지구와 약 1억 km 떨어져 점차 지구를 향
하여 시속 281km 속도로 달려오고 있는데 만일 지구와 충돌할 경우에 그
위력은 2차 세계대전 당시 일본 히로시마에 투하된 원자폭탄의 수만 배
위력으로 지구의 대륙 하나쯤은 완전히 초토화시킬 수 있다. 앞서 독일
소년이 맞은 운석은 작은 콩알 크기인데도 엄청난 위력을 가지고 있는 것
이다. 만일 정면으로 맞았다면 아마 소년은 절명하였을 것이다.

그렇다면 지구가 지금까지 안전하고 편안했던 것은 목성 때문이었을
지 모른다. 목성이 큰형님처럼 지구를 잘 돌보아 주었기 때문인데 목성
은 지구보다 큰 중력을 가지고 지구 외곽을 서서히 돌면서 소행성들의
행동을 감시하고(?) 혹시 부딪힐 염려가 있으면 자기가 대신 충돌하는
희생정신을 발휘하고 있는 것이다.

실제로 1994년 7월에 '슈메이커 - 레비'라는 혜성이 목성과 충돌했다.
슈메이커 - 레비는 지구를 향하여 다가오다 방향이 바꾸어 수많은 조각
으로 부서진 채 목성과 정면충돌 하였는데 당시 목격했던 많은 일반 아
마추어들과 천문학자들은 혜성의 직경이 10km 정도는 되었을 것으로 추
정하였다. 이 정도 크기라면 충돌 위력이 1억 메가톤급, 실제 목성이 입
은 상처 자리는 지금도 선명히 남아 있고 범위가 엄청나서 지구상에 있
는 모든 폭탄을 모아놓고 터트린 것보다도 더 위력적이었을 것으로 생
각된다. 만일 지구와 충돌했더라면 어떻게 되었겠는가? 인류와 지구 생

<표 6> 소행성의 크기에 따른 지구 피해 예상도

소행성 크기	발생 에너지 (단위: TNT폭발력) 100TNT=1수소폭탄	충돌회수/년	충 돌 결 과
10m	20킬로톤	1/1 이상	대기권 밖에서 폭발, 인공위성 파괴, 핵폭발로 오인, 조기경보시스템 발동 가능
100m	50메가톤	1/1,000	50km 반경 이내 파괴, 퉁구스카, 울프 운석 구덩이 규모의 충돌 자국 형성, 단기 기후변화, 해일 발생, 해안지역 파괴
500m	1,000메가톤	1/50,000	국부적 지역 파괴, 중단기 기후변화, 해일 발생
1km	100,000메가톤	1/200,000	전 지구적 재난에 해당, 장기 기후변화
1.5km	1,000,000메가톤	1/백만 (복권당첨확률)	약 10억 명 사망, 장기 기후변화 1997 XF 11급 소행성, 전 지구적 재난 발생
10km	100,000,000메가톤	1/1억	인류 전멸 (예: 6,500만 년 전 공룡 멸망)

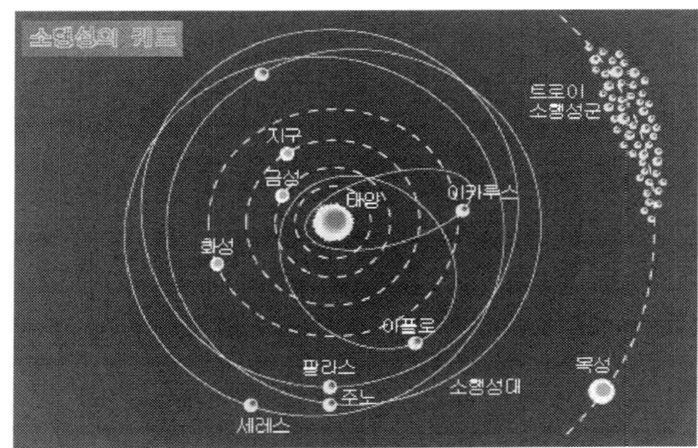

소행성과 지구 위 궤도

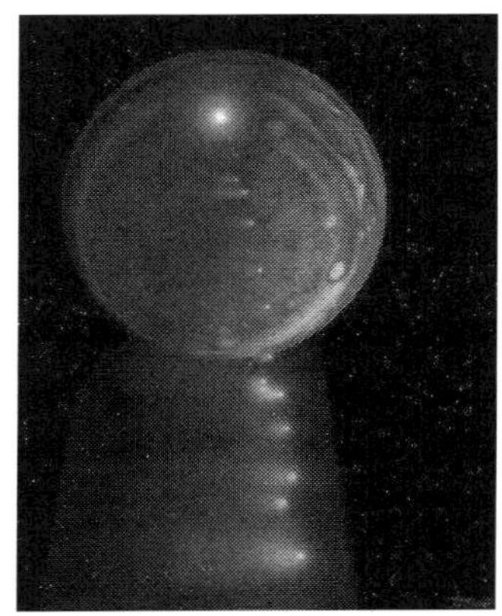

슈메이커 - 레비의 목성 충돌 모습

명체가 모두 멸종했을지도 모르는 일이다.

그래서 과학자들은 혹시라도 소행성 충돌 예방책을 찾고 있다. 2005
년 7월 4일 NASA의 우주탐사선 '딥 임팩트 호' 발사도 그 일환이다. 토
성의 위성 템펠 1호와 충돌시키기 위한 이 실험은 300kg의 무게에 세탁

기만 한 크기의 우주선으로 소행성과 시속 37,000km 속도로 부딪히는 것
이었다. 이러한 실험으로 소행성이 지구로 무작정 달려들면 역으로 인공
의 충돌물체를 발사해 폭발시켜보겠다는 속셈인데 그러나 일부 과학자
들은 소행성과의 충돌가능성이 희박하다고 한다. NASA의 도널드 요먼
스 박사의 경우 '소행성궤도분석이 오차범위만도 수천만 km에 달해' 충
돌가능성이 매우 작기 때문이라는 것이다.

UFO와 외계인

UFO는 '미확인 비행물체(Unidenti-
fied Flying Objects)'라는 뜻이다. 다
시 말하면 우주공간에 떠다니는 확
인되지 않은 비행물체를 총칭하는 의
미로 사용하고 있다. 세상에서 확일
할 수 없는 것들은 얼마든지 있다. 그
런데 'UFO 이야기'만 신문이나 언론
에 나오면 사람들은 호기심이 발동

하고 흥미 진지해진다. 왜 그럴까? 그만큼 UFO는 불가사의한 수수께끼
이기 때문이다. UFO는 그 정체는 과연 무엇일까?

　　UFO의 대표적 사건은 1947년 7월 3일에 있었던 뉴멕시코 주 로즈웰
(Roswell) 사건. 뉴멕시코 주 사막에 살고 있는 한 목장주인이 경찰에게
제보한 내용이 발단이 되었는데 사막 근처 한 목장에 UFO가 추락하여

그가 목격한 바, '비행물체는 불타고 있었는데 그 안에 세 명의 외계인이 함께 누워 있었다.'라는 것이다. 미국 정부는 이에 대한 설명이나 뚜렷한 결론을 발표하지 않았다. 그러면서 50여 년이 지났다. 그리고 1997년 미 공군이 231쪽 분량의 소위 로즈웰 보고서를 발표하였는데 '그곳에 UFO는 없었다.'는 결론으로 발표되었었다. 사실 UFO의 출현은 어딘가 있을지 모르는 외계인, 고등생명체의 존재와 연결되어 있다.

외계 어떤 별이든 사람과 같은 고등 지능의 생명체가 살고 있다면 저들은 분명 UFO처럼 과학적으로 쉽게 납득하기 어려운 비행체를 타고 다닐지 모르기 때문이다. 흔히 제보된 UFO의 목격담을 보더라도, 보통 상식으로 이해할 수 없을 만큼 빠르기, 상하좌우 이동방식 등 우리 인간의 과학적 상식의 비행 기술로는 도저히 설명할 수 없는 수준이었더라고 한다. UFO가 세상에 자주 나타나고 세간에 관심을 끄는 이유는 무엇일까?

조사기관 따르면 UFO 목격담은 세계적으로 1분에 1건 꼴로 보고되고 있다고 한다. 세계적 여론기관에서 과학자들에게 조사한 결과에서도 과학자들의 70%정도는 UFO가 존재할 것으로 믿는다고 하였다. 그럼에도 불구하고 UFO 사건 대부분은 거짓이거나 오류인 것으로 밝혀졌다. 국제적인 UFO 연구 기관인 뮤폰에서조차도 "99%가 가짜다."라고 말하고 있을 정도다. 가짜라면 무슨 이유로 그런 소문으로 확대되는 건가?

우주에는 은하의 수가 약 1000억 개가 넘는다. 1000억 개 은하 가운데 우리은하는 그 중 하나인 셈. 그리고 우리은하에는 1000억 개가 넘는 별들이 있다. 또한 우리은하와 가장 가까운 안드로메다은하, 여기도 약 3000억 개의 별들이 존재한다. 이와 같이 1000억의 은하마다 1000

억, 2000억, 3000억 개의 별들이 모여 있다 보면 지구처럼 고등생명체가 분명 존재하는 별들이 있을 수도 있는 것. 만일 한 개 은하에 사람처럼 고등생명이 1개씩만 살고 있다고 가정하면, 아니 은하마다 0.1퍼센트씩만 되어도 전 우주에는 생명의 별은 100억 개쯤은 될 것이다.

그리고 저들의 별에 고등생명체들은 어떤 것으로 교통수단을 삼을 것인가? 그것이 바로 UFO라 생각한다. 그래서 많은 과학자들이 UFO의 존재하는 쪽으로 무게를 두고 있는 것이다. 그럼에도 불구하고 뚜렷한 UFO 비행체는 없다. 지금까지 밝혀진 UFO현상은 다음과 같은 오인으로 나타난 현상들이다. 운석·화구·오로라·별, 구름, 새 떼, 야광곤충 무리, 항공기·항공기 탑조 등 또는 헬리콥터, 인공위성, 오로라, 구전현상, 극광현상, 기온반전 현상, 기구 또는 은박지 풍선, 가로등 또는 철탑 등, 조명탄, 심리적 현상 등이다.

그러면 외계 생명체의 가능성과 외계인은 존재할까? 있다면 눈 코 입은 어떤 모양일까? 어떤 모습이며 초록색 인간일까? 아무튼 UFO와 외계인에 대한 신비는 기독교인들에게 아주 중요 사항중 하나이다. 왜냐하면 하나님이 지구에 생명체가 존재하고, 특별히 지구라는 행성에만 사람과 같은 고등의 지적 생명체를 만들었는지 알고자하는 호기심과 확인이 필요로 하기 때문이다. 천문과학자인 칼 세이건은 우리 은하 내에 약 100만 개의 행성들에 지적인 생명체가 살고 있을 것이라고 주장한 반면 혜성 연구의 선구자인 오토는 100개 정도라고 했다. 그런데 특이한 계산을 한 사람이 있다. 드레이크, 그는 인류의 문명을 통하여 얻은 식,

$$N = R \times f_p \times n_e \times f_l \times f_i \times f_c \times L$$

여기서 N은 우리은하 안에 존재하는 교신 가능한 지적 문명체 수이고, R은 우리은하 안에 생명체 탄생에 적합한 별의 생성율, 즉, 우리은하의 별의 수/평균 별의 수명, f_p은 이들 별들이 행성을 갖고 있을 확률(이 값은 0에서 1 사이), n_e은 별에 속한 행성들 중에서 생명체가 살 수 있는 행성의 수, 그리고 f_l: 조건을 갖춘 행성에서 실제로 생명체가 탄생할 확률(0에서 1 사이), f_i은 탄생한 생명체가 지적 문명체로 진화할 확률(0에서 1 사이), f_c은 지적 문명체가 다른 별에 자신의 존재를 알릴 수 있는 통신 기술을 갖고 있을 확률(0에서 1 사이), 또한 L은 통신 기술을 갖고 있는 지적 문명체가 존속할 수 있는 기간(단위: 년)을 말한다. 그러나 이들 값은 개인마다 상당히 다양할 수밖에 없지만 드레이크가 1961년에 사용한 추정값은 다음과 같다. $R* = 10/$년, $f_p = 0.5$, $n_e = 2$, $f_l = 1$, $f_i = 0.01$, $f_c = 0.01$, $L = 10,000$년으로 잡아 식에 의거해 우주에 고등생명체가 존재가능 할 수 있는 조건의 별이 산출하였다. 만일 미생물이 어느 별에서 생겨난다면 자연의 섭리로 지적인 생물로 태어날 가능성의 값이 1이라 한다면 이것은 우주에서 지구에만 유일한 인간만이 고등 생명체라는 뜻이 되는 것이다.

생각해보기

1. '빅뱅'이란 무엇인가?

2. 가장 먼 별, '퀘이사'는 어떤 천체인가?

3. 블랙홀과 정상의 별을 차이를 말하라.

4. 별들의 일생을 설명하라.

5. '드레이크 방정식'은 어떻게 해석할까?

제6장

재 료 의 진 화

물질이란

　물질이란 공간을 차지하는 모든 것을 일컫는 말이다. 집을 짓는 데 쓰이는 벽돌과 목재, 비행기를 만드는 데 금속이 쓰이고, 인체는 살과 뼈 등이 구성하듯 모든 형체가 있는 물체는 그 속에는 물질이 들어 있다. 물, 공기, 땅, 의약품, 비료, 초소형 소자, 플라스틱, 폭발물과 식료품 등도 모두 물질이다. 그러나 빛 또는 아름다움 등과 같은 추상적 개념은 공간을 차지하지 않기 때문에 물질이 아니다. 이러한 물질은 작은 단위로 나누어진다.

　분자(10^{-6}m) − 원자(10^{-10}m) − 원자핵(10^{-15}m) − 양성자/중성자(10^{-18}m) − 소립자: 소립자에는 다시 매개입자와 쿼크, 렙톤 등이 있는데 "모든 물질은 쿼크와 렙톤으로 이루어졌다" 말할 수 있게 되었다.

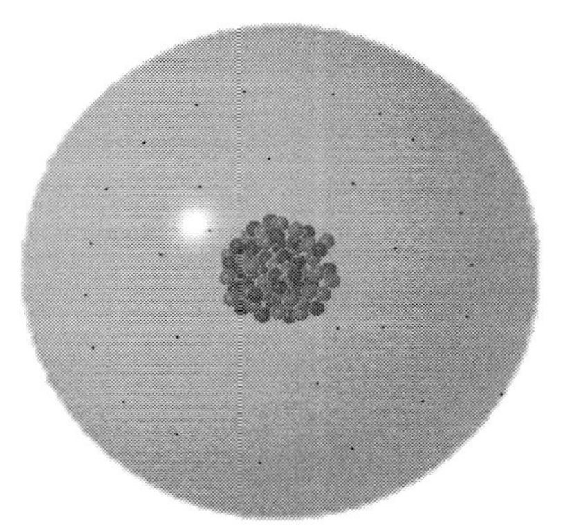

원자와 electron?

플라즈마(plasma: 기체)

　플라즈마를 처음 사용한 사람은 미국의 물리학자 'Langmuir(랑뮈어)'로서, 전기적인 방전으로 인해 생기는 전하를 띤 양이온과 전자들의 집단을 플라즈마라고 한다. 이것은 '제4의 물질상태'라고 알려져 있으며, 우주의 99%가 플라즈마 상태로 이루어져 있다는 사실 또한 이미 잘 알려져 있다. 물질 중 가장 낮은 에너지 상태는 고체이다. 이것이 열(에너지)을 받아서 차츰 액체로 되고 그 다음에는 기체로 전이를 일으킨다. 기체에 더 큰 에너지를 받으면 상전이와는 다른 이온화된 입자들, 즉 양과 음의 총 전하수는 거의 같아서 전체적으로는 전기적인 중성을 띠는 플라즈마 상태로 변환한다. 플라즈마 상태는 그 밀도와 온도를 그 주 파라미터로 사용하며 이 두 가지 요소에 따라 우리주변에서도 쉽게 찾아볼 수 있는 플라즈마 상태들, 즉, 네온사인이나 형광등으로부터 시작하여 북극의 오로라, 태양의 상태, 핵융합로에서의 플라즈마 상태 등 광범위하게 분류되어질 수가 있다.

액정(liquid crystal)

액정(LC)은 말 그대로 특이하게도 액체도 아니고 그렇다고 결정(crystal)도 아닌 어정쩡한 상태의 물질을 말한다. 일정 온도 범위에서 유동성을 지닌 액정 상태이며 동시에 광학적으로 복굴절성을 나타내는 결정이다. 보통 물질은 용융 온도에서 고체로부터 투명한 액체로 변화하지만, 액정물질은 용융 온도에서 우선 불투명하고 혼탁한 액체로 일단 변화하고 그 후 더욱 온도를 올리면 보통의 투명한 액체로 변화한다. 액정이란 명칭은 고체상과 액체상의 중간상태인 액정상을 가리키는 경우와 이러한 액정상을 갖는 물질 그 자체를 가리키는 경우의 두 가지 의미로 사용되고 있다.

초전도체와 자성체

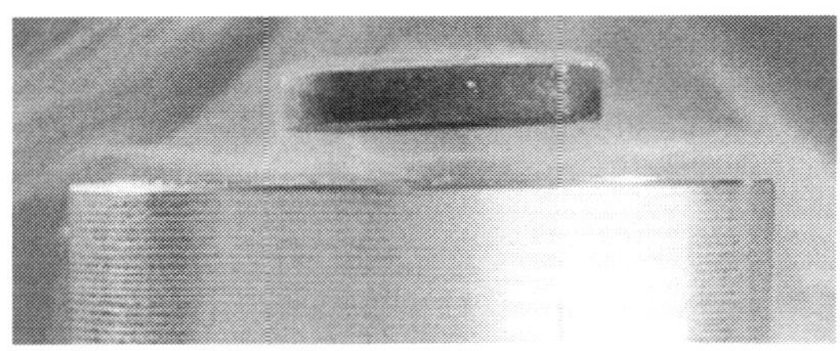

자기부상의 원리

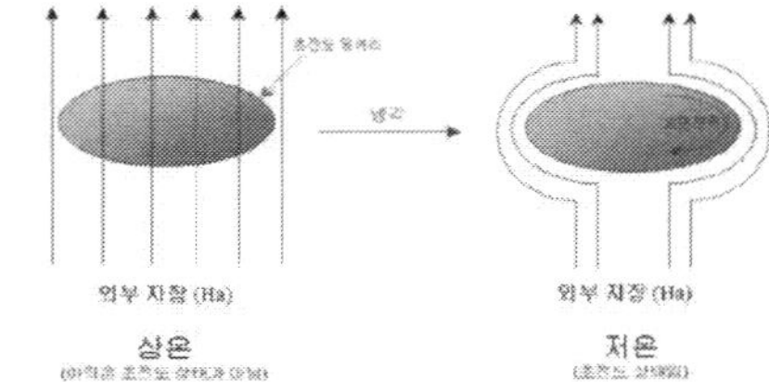

마이스너 효과

초전도성

2050년 어느 날, 베란다에 주차해둔 자기부상 엘리베이터를 타고 아파트 입구로 수직 하강한 뒤 도로에 진입했다. 서울역에 도착하니 자기부상 열차가 기다리고 있다. 열차는 시속 500㎞로 부산까지 1시간에 달려갔다. 부산 지사에서 일본 바이어와 만나 대덕 핵융합로에서 만든 전력을 일본으로 수출하기 위한 해저 케이블 확장공사에 합의했다. 중국 수출에 이어 일본까지 우리 전력 공급망 안으로 들어오면서 이제 동북아 전역이 대한민국에서 전력을 공급받게 됐다. 이처럼 '멋진 신세계'를 만든 핵심기술은 전류가 아무런 저항 없이 흐르는 '초전도'다. 1911년 네덜란드의 과학자 온네스는 액체헬륨(섭씨 영하 269도℃)의 온도를 측정하는 수은 온도계의 전기저항이 갑자기 사라진 것을 발견했다. 수은 온도계는 극저온에서 전기저항이 사라지게 돼 전류가 흐르는 성질, 즉 전도성이 특별히 좋아지게 되는 것이다. 온네스는 이런 물질에 초전도체란 이름을 붙였다.

전기저항이 없다

모든 물질은 전류가 흐르면 전기저항이 발생하고, 전류의 제곱과 전기저항을 곱한 값의 열이 발생한다. 이 열이 바로 전력 손실이다.

마이스너(Meissner) 효과

물질이 초전도체가 될 때 물질의 내부로부터 자기장을 밀어내는 현상이 나타나는데 초전도란 어떤 물질이 전이온도라고 불리는 어떤 온도(통상적으로 절대온도 0K에 가까움) 이하가 되었을 때 전기저항을 잃는 현상을 말한다. 마이스너 효과는 모든 초전도체가 갖는 성질로 1933년 독일의 물리학자 W. 마이스너와 R. 옥슨펠트에 의해 발견되었다.

조셉슨 효과(Josephson Effect)

2개의 초전도체가 매우 얇은 절연막을 사이에 두고 격리되어 있을 경우, 터널효과에 의해서 전자가 특수한 쌍(쿠퍼쌍)을 이루어 절연막을 통과하는 현상을 말한다. 1962년 B. D. 조셉슨이 예언하였고, P. W. 앤더슨 등이 실험적으로 확인하였다.

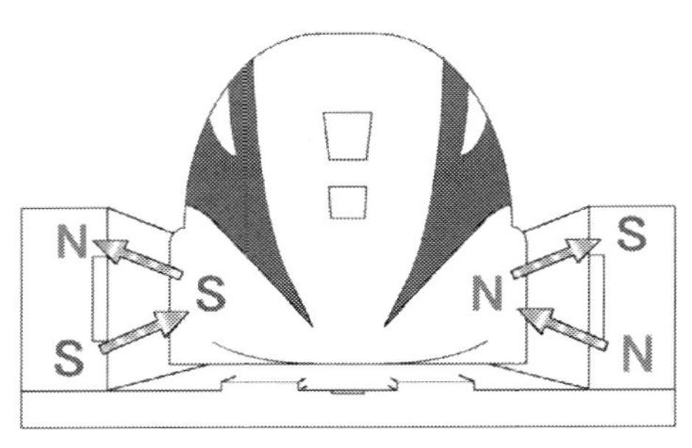

자기부상 열차

일본은 니오브·티탄(NbTi) 합금계(절대온도 4K(− 269℃))를 사용하고 있지만, 2001년에 발견된 2호우화 마그네슘(MgB₂) (절대온도 20K(− 253℃))을 사용한 초전도 전자석 코일의 개발이, JR 토카이와 독립 행정법 인물질·재료 연구 기구등의 공동에 의해 시작되었다.

자성

자기장에서 자화하는 물질이다. 물질을 자기장 속에 놓았을 때, 이 자화에 따라 강자성체·상자성체·반자성체로 구별된다. 따라서 이 용례에서는 단지 자성체라고 하는 것은 무의미하다. 강자성체는 자기장 속에서 강하게 자화되는 물질이고, 상자성체는 약하게 자화되는 물질이며, 반자성체는 자기장 방향과는 반대방향으로 약하게 자화되는 물질이다.

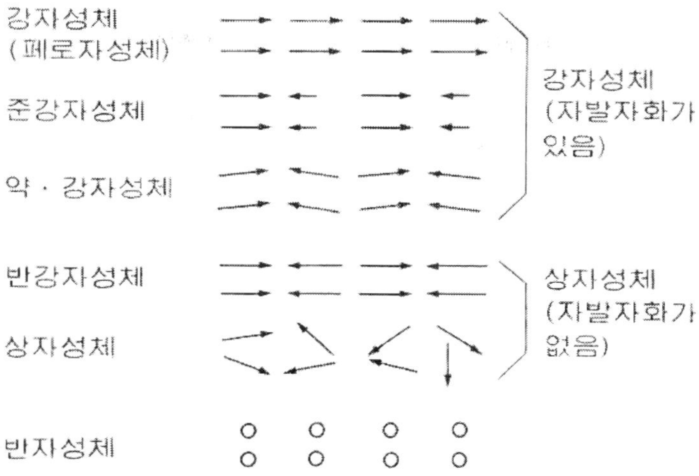

반자성

전자는 전하를 지니고 운동하는데 자기장 속에서는 힘(로렌츠 힘)을 받아 운동 형식을 바꾼다. 전하 운동은 전류이기 때문에 전자 운동의 자기장에 의한 변화는 전류의 변화이므로 반자성체에 자기장의 변화가 생긴다. 이것은 결국 전자운동의 변화에 의해 자기모멘트가 생긴 것으로 자기모멘트는 가해진 자기장과 반대방향으로 생기고 그 크기는 자기장과 비례한다. 물질 전체에 걸쳐 생긴 자기모멘트의 합, 즉 자화도 자기장과 비례하고 그 방향은 외부로부터 가해진 자기장과 반대방향이 된다. 이것이 바로 반자성이라 불린다.

상자성

물질 속의 원자는 자기장이 없을 때에도 자기모멘트를 가지고 있는 경우가 있다. 전자는 그 자신의 스핀으로 인한 자기모멘트 및 원자에 속박된 경우에 원자핵 둘레의 궤도운동으로 인한 자기모멘트를 가진다. 닫힌 껍질 전자로 불리는 상태에 있는 경우, 이들 자기모멘트는 완전히 서로 상쇄한다. 한편 철·코발트·니켈로 대표되는 전이금속원자는 화합물에 이온형태로 함유되는 경우 불완전껍질로 불리는 전자상태에 있으며 전자의 자기모멘트는 상쇄하지 않고 원자(이온)의 자기모멘트로 나타난다.

강자성

속박전자에 의한 원자의 자기모멘트는 제멋대로의 방향으로 향하지 않고 교환상호작용의 에너지를 낮게 하도록 배열한다. 자기모멘트가 모두 같은 방향을 향하는 경우가 강자성상태이다. 이 경우에는 전체 자기모멘트가 서로 상쇄하지 않고 자화에 기여하며 큰 자화(자발자화)가 생기게 되어 자석이 된다. 속박전자계의 강자성은 그다지 많지 않으며 산화크롬(CrO_2)이 그 예이다. 희토류 금속의 자기적 전자(f전자)는 속박되어 있고 가돌리늄 등의 강자성도 여기에 속한다.

반도체

반도체란 전기가 반쯤 통하는 물질이라 말할 수 있다. 전기를 잘 통하지 않는 것들을 부도체 또는 절연체, 그리고 전기를 잘 통하는 물질을 도체라고 한다. 그런데 정확한 반도체의 정의는 제작자의 의도에 의해도체도 될 수 있고, 부도체도 될 수 있는 성질을 가진 것을 반도체라고 부른다. 즉, 반도체는 원하는 대로 저항의 크기를 조절하거나 빛을 내는 등 특별한 성능을 가질 수 있는 재료를 가리킨다. 반도체는 빛이나 전기, 열 등과 같은 자극에 쉽게 영향을 받고 성질이 변하는 물질인 셈이다. 인류는 잘 변하는 재료의 특성을 이용하여 전자 산업 발전의 핵심 역할을 하고 있으며, 전자 산업의 꽃, 산업의 쌀, 20세기 최대의 발명품 등으로 부르고 있는 것이다. 그렇다면 반도체의 유별난 특징 몇 가지 살펴보자.

구체적으로 반도체 특징을 보면,

1) 금속은 가열하면 저항이 커지지만 반도체는 반대로 작아진다.
2) 반도체에 섞여 있는 불순물의 양에 따라 저항을 매우 커지게도 할 수 있다.
3) 교류 전기를 직류전기로 바꾸는 정류작용을 할 수도 있다.
4) 반도체가 빛을 받으면 저항이 작아지거나 전기를 일으키는데 이를 광전효과라 한다.
5) 어떤 반도체는 전류를 흘리면 빛을 내기도 한다.

이러한 성질인 반도체가 첫째, 전기적으로 비저항이 도체와 부도체의 중간 값을 가지는데 여기서 비저항은 물질의 고유의 성질이다. 즉, 유리와 같이 전기가 잘 통하지 않는 물질을 부도체라고 한다면 은이나 구리처럼 전기가 잘 통하는 금속인 도체가 있다.

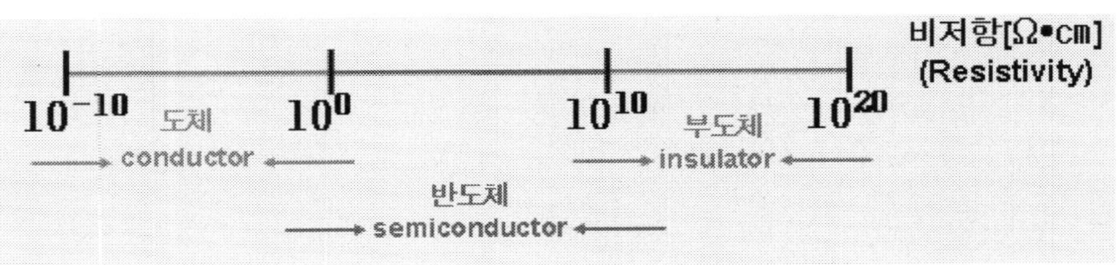

둘째, 에너지 갭이 0–3eV 범위 즉, 가시광선 영역 대를 가진다. 반도체에 빛(열)이나 또는 전기를 가하게 되면 빛이 발생하게 되는데 이때 나오는 빛을 파장으로 계산하면 자외선, 가시광선, 적외선 영역대의 값을 가지고 있다, 그런데 반도체는 주로 가시광선대가 주류를 이루어 일상생활에 활용할 수 있다. 이와 같이 전기의 흐르는 양을 조절하여 전구에 불을 켤 수 있다. 그렇다면 사람들이 선호하는 반도체는 무엇이 있을까? 반도체 소자 제조용 재료로서 광범위하게 사용되고 있는 실리콘이다. 이 실리콘은 일반적으로 산화물 실리콘(SiO_2)으로서 모래, 암석, 광물 등의 형태로 존재하며 이들은 지각의 ⅓정도를 구성하고 있어 지구상에서 매우 풍부하게 존재한다. 따라서 반도체산업에 매우 안정적으로 공급될 수 있는 재료일 뿐만 아니라 독성이 전혀 없어 환경적으로 매우 우수한 재료이다. 또한, 실리콘으로 만들어진 실리콘 웨이퍼는 넓은 Energy Band Gap(1.2eV)을 가지고 있기 때문에 비교적 고온(약 200℃ 정도까지)에서도 소자가 동작할 수 있는 장점이 있다. 이러한 장점 때문에 실리콘 웨이퍼는 반도체 산업에서 DRAM, ASIC, TR.(Transistor), CMOS, ROM, EP–ROM등 다양한 형태의 반도체 소자를 만들고 이들 소자들은 컴퓨터, 전자제품, 산업용기계, 인공위성 등 모든 산업분야에서 사용되고 있다.

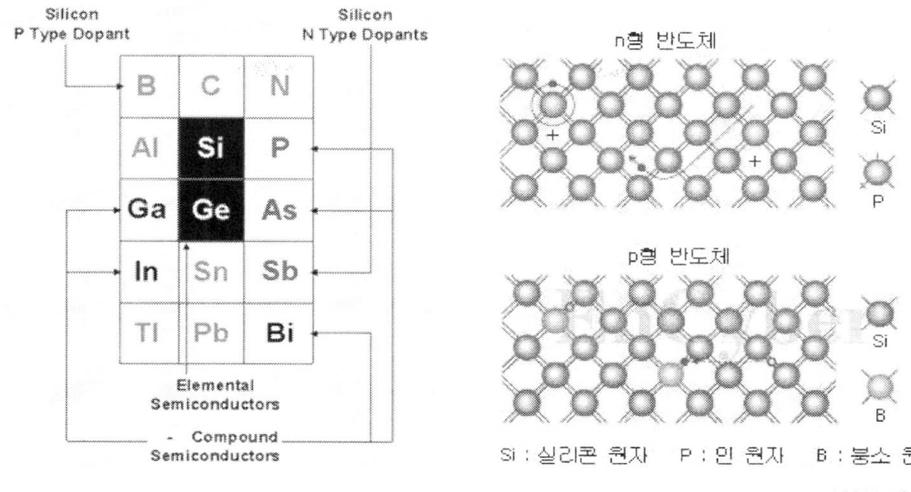

불순물 반도체

그러면 반도체의 어떤 성질을 어떻게 이용할까? 반도체는 순수한 반도체, 즉 전자와 홀의 수사 거의 동등한 순수(진성: intrinsic)반도체가 있는가 하면 전자 또는 홀 한쪽 개수가 더많은 소위 n형과 p형인 불순물(외인성: extrinsic)반도체가 있다. n형 반도체는, 캐리어로 자유전자가 사용되는 반도체이다. 음의 전하를 가지는 자유전자가 캐리어로서 이동해서 전류가 생긴다. 즉, 다수 캐리어가 전자가 되는 반도체이다. 예시로, 실리콘과 동일한 4가 원소의 진성반도체에 미량의 5가 원소(As, P 등)을 불순물로 첨가해서 만들어진다. 또한 p형 반도체는, 전하를 옮기는 캐리어로 정공(홀)이 사용되는 반도체이다. 양의 전하를 가지는 정공이 캐리어로서 이동해서 전류가 생긴다. 즉, 정공이 다수 캐리어가 되는 반도체이다. 예시로 Si과 동일한 4가 원소의 진성 반도체에, 미량의 3가 원소(B, Al 등)을 불순물로 첨가해서 만들어 지는 것이다.

반도체의 이용

다이오드(diode)

다이오드는 반도체의 pn 접합에 바탕을 두고 있다. pn 다이오드에서 전류는 p - type (anode)면에서 n - type (cathode)면으로만 흐를 수 있다. 이때 전류 - 전압 특성 곡선은 pn 접합의 소위 depletion layer(소모층)에서 pn접합이 처음 생성되면, n영역의 자유영역 전자들이 정공이 많은 P영역으로 확산된다. 자유 전자들이 정공과 결합한 후에는 정공은 사라지며 전자들은 더 이상 자유롭지 못하게 된다. 따라서 두 속성의 전하 캐리어들(정공과 전자)이 모두 사라지고, pn 접합 주변 지역은 마치 부도체인 것처럼 동작한다. 이를 재결합이라고 한다. 하지만 소모층의 크기에는 한계가 있고 얼마 후에는 재결합이 끝난다. 이때 외부 전압을 다이오드 소모층에 생긴 built - in potential과 같은 극방향으로 걸어주면, 소모층은 계속해서 부도체처럼 동작하고 전류의 흐름을 막는다. 이와 반대로 built - in potential과 반대 극 방향으로 외부 전압을 걸어주면, 재결합을 다시 시작한다. 결국 pn접합을 지나 상당한 양의 전류가 흐른다.

다이오드

트랜지스터

1948년에 처음 개발되었으며 n형 반도체 양쪽에 p형을 붙여 만든 pnp 형과 p형 반도체 양쪽에 n형을 붙여 만든 npn형의 두 가지가 있다. 트랜지스터는 각각 베이스(B), 이미터(E), 컬렉터(C)라는 3개의 전극을 가지고 있으며, 스위치작용이나 증폭 작용이 있다.

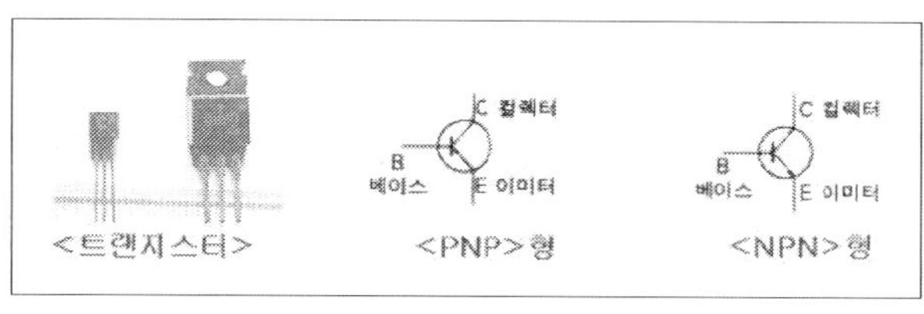

트랜지스터

집적회로(IC)

여러 개의 다이오드나 트랜지스터 대신 반도체를 이용해서 하나의 회로로 만들 수 있는 것이 IC(집적 회로), LSI(고밀도 집적 회로), ULSI(극초밀도 집적 회로)이다. 점차 성능을 증가시켜 하나의 회로로 구성한 것이 집적회로이다. 마치 도시에 길을 만들고, 복잡한 길을 뚫는 것보다 작은 도시 더 나아가 큰 도시를 건설하는 것과 유사하다고 할 수 있다. p형과 n형 반도체, 축전기, 저항 등을 초소형으로 기판에 설치하여 트랜지스터 20∼300개를 한 개의 부품으로 만든 것. 이것은 주로 논리 회로나 신호의 증폭에 쓰인다. 또한 IC보다 축소시켜 회로의 집적도를 높였다. LSI보다 집적도를 더 높인 VLSI(초고밀도 집적회로)가 현재 많이 사

UVLSI와 최초의 IC

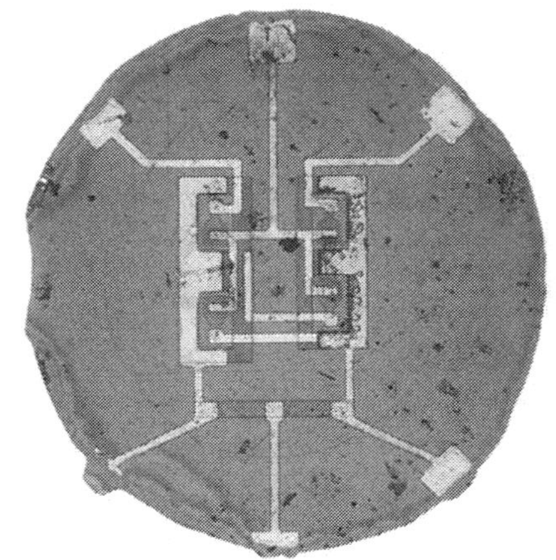

용되고 있으며, 이를 더욱 높여 극초밀도로 집적시킨 ULSI(극 초밀도 집
적 회로)도 많이 개발되고 있다.

태양전지(Solar Cell)

초소형 태양전지 자동차

태양전지는 태양 에너지를 전기 에너지로 변환할 수 있는 장치를 말한다. pn접합면을 가지는 반도체 접합 영역에 금지대폭보다도 큰 에너지 빛이 조사되면 전자와 정공이 발생하여 접합영역에 형성되어 있는 내부 전장에 의하여 전자는 n형 반도체로, 정공은 P형 반도체로 이

동하여 기전력이 발생한다. n형 반도체, P형 반도체 각각 부착된 전극이 부극과 정극이 되어 직류전류를 취하는 것이 가능해진다. 태양 전지 반도체의 재료로서는 Si뿐만이 아니라 GaAs, CdTe, CdS, InP 또는 이 재료들 사이의 복합체가 사용되고 있으나, 일반적으로는 실리콘이 사용되고 있다.

태양전지 단지

태양전지는 광기전력(Photovoltanic Effect)효과를 이용하여 빛에너지를 직접 전기 에너지로 변환시키는 반도체 소자로서 각각 +, − 의 극성을 띄는 반도체 박막으로 구성된다. 태양전지에 빛이 비추면 내부에서 전자와 정공이 발생하며, 전하들은 각각 P, n극으로 이동한다. 이러한 현상에 의하여 P극과 n극 사이에 전위차가 발생, 이때 부하를 연결하면 전류가 흐르게 되는데 발전되는 전압전류는 태양전지의 크기와 빛의 강도에 의하여 결정된다.

열전 반도체

에어컨은 프레온가스 같은 냉매를 이용한 것으로 지구온난화와 오존층 파괴 등의 주요 오염원으로 문제가 되고 있다. 이러한 문제들로 지구를 지킬 수 있고, 설치공간

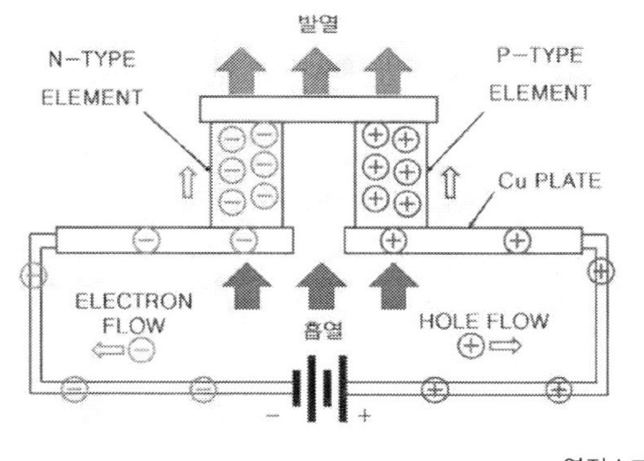

열전소자

의 제약이나 냉각기에서 물이 나오는 문제로부터 훨씬 자유로울 수 있는 반도체가 있다. 그것이 열전 반도체이다. 열전 반도체는 제베크 효과와 펠티에 효과를 가진 반도체를 말한다.

제베크 효과(Seebeck Effect)

Seebeck 효과는 전도체에 전류가 흐르지 않아도 에너지의 흐름에 의해 전압의 그래디언트가 생기고 이에 따라 기전력이 발생한다는 원리이다. 이는 Seebeck에 의해 발견되었으며, 열전현상에 대한 첫 번째 발견이라고 할 수 있다. 이번 실험에서와 같이 양 끝단에 온도차를 주면 원자의 흐름에 의한 그리고 온도차에 의한 에너지의 흐름이 생기고 이에 따라 기전력이 발생하게 되는 것이다.

열전변환기는 열에너지를 전기적인 에너지로 변환하는 열전소자를 사용한다. 각각의 셀은 반도체 장치이고 셀의 도식화된 그림은 왼쪽과 같다.

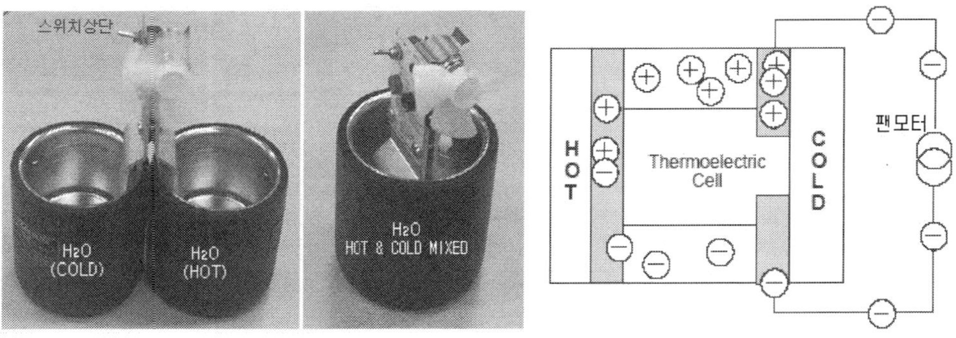

Seebeck effect

제베크 효과가 일어나는 동안 열이 셀에 유입되면 셀 내 전자의 에너지준위가 올라간다. 높은 에너지 준위에서 전자는 더 이상 반도체의 결정구조에 묶이지 않고 자유롭게 움직일 수 있다. 전자들이 떠나면 결정 내에는 빈공간(정공)이 남는다. 낮은 에너지의 전자들은 금속 내에서 자유롭게 움직이지 못할지라도 정공에서 정공으로 도약할 수 있다. 이렇게 정공은 반도체 금속을 통해 이동할 수 있다. 위 그림에서 보는 바와 같이 전자는 n타입 반도체금속을 통하여 흐르고 정공은 P타입 금속을 통해 흐른다. (n, P타입의 금속은 단지 전자나 정공의 흐름을 개선하기 위해 특수한 불순물로 첨가된 실리콘이다) 회로의 한쪽 끝에서 전자들은 셀로 다시 들어가고 P타입 반도체의 정공을 만난다. (이것은 차가운 셀의 끝 부근에서 일어난다.) 전자들은 정공으로 다시 떨어지고 초과된 에너지는 열로써 남는다. 이렇게 해서 전자는 외부회로를 통해 흐르고 팬 모터를 구동한다. 셀의 양단 사이에 온도차가 존재하는 한 전자와 정공은 계속 흐를 것이고 팬은 돌아갈 것이다. 그러나 온도차가 존재하지 않는다면 전자는 초과에너지를 버릴 수 있는 공간이 없기 때문에 정공과 재결합 할 수 없다. 이 경우에 열전 셀은 열역학 제2법칙에 의해 제약을 받는다.

펠티에 효과(Peltier Effect)

Peltier 효과는 Seebeck효과와는 다소 차이가 난다. 온도차에 의한 에너지의 흐름 때문에 기전력이 발생하는 것이 아니라, 다소 다른 관점에서 에너지의 흐름을 서술하고 있다. 펠티에 효과의 이론은 다음과 같다. 두 개의 전도체에 전류가 흐를 때 온도구배는 0이 된다. 그러나, 만약 두

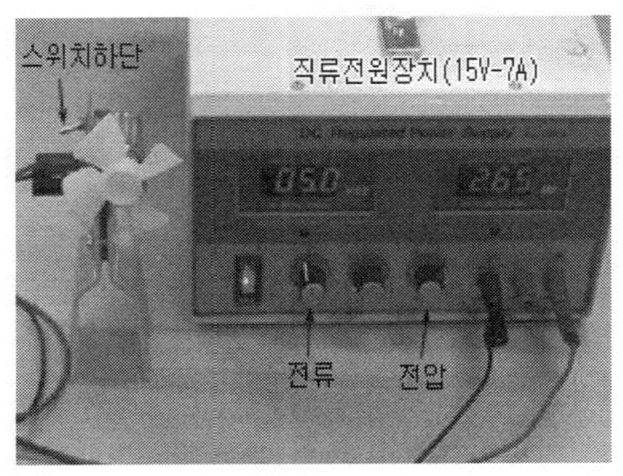
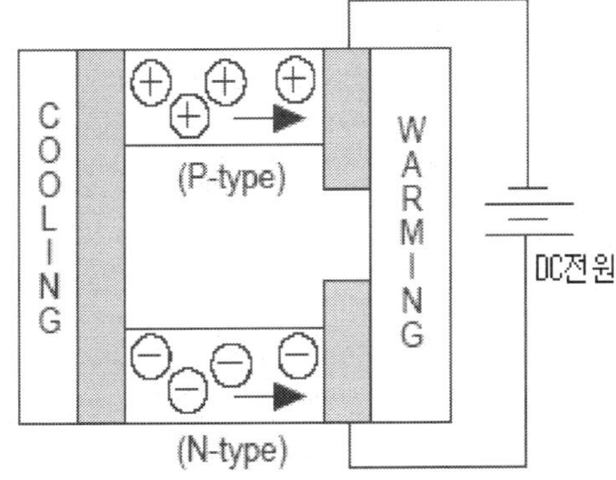

Peltier Effect

전도체가 다른 물질로 구성되어 있다면 에너지의 흐름은 불연속적이 될 것이며, 이 불연속성 때문에 마치 열의 흐름과도 같이 에너지가 전달될 것이다. 따라서 에너지의 흐름에 따라서 기전력이 발생하게 된다.

펠티에 효과가 일어나는 동안, 전위차는 전자와 정공이 상대적으로 n, P타입인 반도체 금속의 한쪽 끝으로 부터 흐르게 하는 원인이 된다. n타입 반도체 내에 있는 전자의 운동은 반도체의 끝단으로부터 내부에너지를 전송하게 되고 한쪽 끝(그림의 왼쪽)은 차가와진다. 정공이 이동하는 동안 P타입 반도체에 대해서도 같은 결과가 일어난다. 차가운 측면(COLD)으로 부터 뜨거운 측면(HOT)곳으로의 열 전송은 회로에 흐르는 운반전류에 비례하고 열전펌프를 이루는 열전 셀(열전대)의 수에 비례한다.

발광다이오드(LED)

    1879년 01월 21일 미국 뉴저지 주 한 연구실에서 무명실로 만든 필라멘트를 뚫어지게 바라보던 32세 젊은이는 자기도 모르게 탄성을 질렀다. 1500개 재료를 사용, 1만 번 실패 끝에 마침내 빛을 만드는 데 성공한 것이다. 그가 토머스 에디슨이다. 그가 만든 것이 필라멘트를 가열하여 만든 백열전구이다. 지금 130여 년이 지난 지금 필라멘트를 대신하여 반도체 발광다이오드 LED(light emitting diode)가 등장 새로운 조명 산업을 이끌려하고 있다.

    백열등은 진공 속 필라멘트를 가열하여 빛을 내는 방식이다. 하지만 효율이 5% 정도로 극히 낮다. 그러나 지금의 LED는 백열전구의 10배, 형광등의 2배로 밝고

LED 대형 스크린

LED 휴대폰

백열전구의 10분 1정도의 에너지면 된다. 미국 에너지청은 전체 전기량의 25%가 조명용으로 쓰이고 있는데 전구의 25%만 LED로 바뀌면 1250억 달러 정도가 절약될 것으로 내다보고 있다.

LED는 반도체에다 전기에너지를 주입하여 빛에너지로 바꾸는 원리이다. 즉, n형 반도체와 P형 반도체를 접합시켜 만든 다이오드에 전류를 흘려주면 전자와 정공(hole)이 만나 반응하여 빛을 내는 형식을 갖고 있다. 여기에 최근에는 유기발광반도체(OLEDs; Organic light – emitting diodes)가 개발되어 디스플레이 시장을 넓혀가고 있다. 이것은 넓은 시야각, 빠른 응답, 박막구조와 같은 여러 가지 장점을 지니고 있다.

세라믹(Ceramics)

세라믹스(Ceramics)란 고대 그리스어의 'Keramos' 즉, 흙으로 만들어진, 또는 불에 태워서 만든 물건이란 뜻으로서 사람이 인위적으로 열을 가해서 만든 비금속 무기 재료라는 말이다. 한자로는 흔히 요업제품이라고 표현 한다. 이때, '요'라는 한자는 구멍 속에 양이 불에 구워지고 있는 모습을 형상화 한 것으로서 불을 때는 가마라는 뜻을 지닌 한자어의 의미를 갖고 있다.

여기서 재료의 경우 유기 재료와 무기 재료로 나눌 수 있는데, 유기 재료는 C, N, O, H, S, F 등의 음이온들이 주된 구성원소이며, 생물체에서부터 비롯된 것들인 목재, 천연섬유, 고분자, 종이 등을 지칭하는 것이며, 이런 것이 아닌 돌, 금속 등은 무기재료에 속한다고 할 수 있다. 세

라믹은 우주 왕복선뿐만 아니라, 건축재, 반도체, 휴대전화 등은 물론이
고 앞으로는 핵융합로용이나 인공뼈 · 인공관절 · 인공 치아와 같은 새로
운 분야로 진화될 것으로 예측되고 있다. 또한 도자기와 같은 생활용에
도 널리 이용되고 있다.

우주왕복선

핵융합연구 장치

도자기

1. 기체, 액체, 고체란? 그렇다면 플라즈마, 액정 등은 이들과 어떻게 다른가?

2. 반도체는 어떤 성질을 갖는 물질인가? 또한 어떤 이용 가치를 지니고 있는가?

3. 초전도체의 두 가지 초전도성을 설명하고 이것은 어디에 이용할 수 있을까?

4. 열전소자의 제베크 효과(Seebeck Effect)와 펠티에 효과(Peltier effect)란?

5. 미래 첨단재료는 무엇이 있을까?

제7장

치료의 기술

CT

　X선은 어떤 빛인가? 독일의 뷔르츠부르크 대학의 교수였던 뢴트겐 (Wilhelm Conrad Roentgen, 1845~1923)은 음극선관을 이용하여 실험하고 있었다. 음극선의 성질을 알아보기 위해 음극선을 금속판에 쏘는 실험을 시작하다가 음극선관에서 종이도 뚫고 지나가는 강한 빛이 나온다는 것을 알게 되었다. 1895년 12월 22일에 뢴트겐은 부인을 실험실로 불러서 음극선관에서 나오는 눈에 보이지 않는 이 빛으로 부인의 손 사진을 찍어보았다. 그랬더니 손 안에 있는 뼈는 물론이고 손가락에 끼고 있던 반지도 선명하게 나타난 사진이 찍혔다. 이렇게 발견한 것이 X선이다.

　X선은 질병을 진단하고 치료하는 데 있어서 유용하게 이용하고 있는데 그 특징은 다음과 같다. X선은 장애를 받지 않고 공기를 투과하여

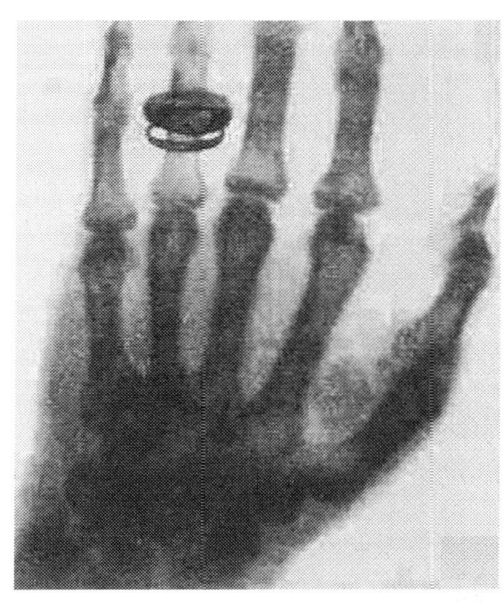

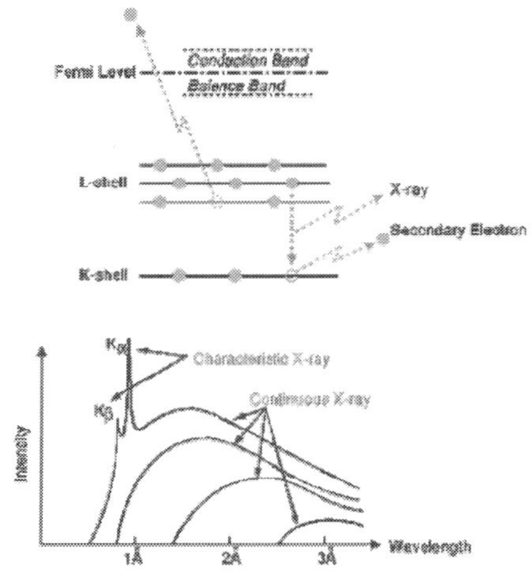

감광판의 은박을 노출시켜 검게 변화시킨다. X선은 인체의 여러 다른 물질, 폐의 공기, 혈관과 림프관의 물, 근육주변의 지방, 뼈의 칼슘과 같은 금속을 정도가 다르게 투과한다. 공기는 밀도가 가장 낮은 물질로 투과정도가 가장 크다. 지방, 물, 금속순서로 밀도가 높아지며 그에 따라 투과력은 반대로 된다. 만일 X선이 밀도 높은 체내물질, 예를 들어 뼈의 칼슘에 흡수되면 환자 뒤에 놓아둔 감광판에 도달하지 못하기 때문에 흰 부분이 X선 필름에 남게 된다. 이러한 X선은 병리적 상태를 알아내는데 다양한 방식으로 이용되고 있다.

CT는 X선 촬영과 컴퓨터를 결합하여 우리 몸을 단층촬영하는 방법, "컴퓨터 단층촬영"이다. CT는 인체의 특별한 단면 주변에서 여러 각도로 이온 X선을 보낸다. 그것들이 인체를 투과함에 따라 이들 각도에서 X선의 흡수가 감지되고 여러 가지 인체조직의 흡수 능력을 알도록 프로그램 된 컴퓨터에 전달된다. 컴퓨터는 여러 가지 다른 X선 촬영방향에서 받게 된 정보를 종합하여 복부, 흉부, 두부 등의 특별한 부분에 대하여 하나의 합성된 영상을 화면에 투사해 준다. 전산화 단층촬영기가 비정상을 탐지해내는 능력은 혈관을 구분해낼 수 있도록 요오드를 함유하는 조영제를 사용하게 되어 더욱 강화되었다. CT는 골조직의 질환을 알아내는데 특히 감수성이 높으며 보통 X선 기술로 가시화하기 곤란한 내부 장기의 영상을 제공해 줄 수 있다. CT는 조영제를 사용하여 뇌종양, 혈종, 척수병변, 흉부, 간, 신장 췌장의 종괴 등을 알아낼 수 있다.

인체의 한 단면에 X선을 투과시키면 X선이 지나간 조직들은 그 조직들의 X선 흡수율에 따라 각각 다르게 X선을 흡수하게 되고, 결국 흡수

되지 않고 남은 X선은 감약되어 인체를 뚫고 나온다. 체축에 X선관으로 부터 X선속을 가느다란 Beam 또는 선상의 Beam으로 조사, 대향하는 위치에 단일 빔(beam)인 경우에는 1개, 선상 빔인 경우에는 원호상으로 늘어선 다수개의 신틸레이션 카운터 또는 크세논 비례계수관을 두어 투과 X선 강도를 측정한다. 이 측정을 체축의 주위로 $1°$ 씩 회전시키면서 $360°$ 에 대하여 실시한다. 얻어진 Data에서 전자계산기를 사용하여 횡단면의 2차선 메트릭스($160×160 \sim 512×512$)의 각 요소에 관해서 X선 흡수계수, 〚 흡수계수는 공기를 $-1,000$(또는 -500), 물을 0, 뼈를 $+1,000$(또는 500)으로 하는 상대 치로 나타낸다〛를 연산하여 이것을 CRT상에 휘도변조에 의해 표시하는 방법이다. 우리가 보는 CT 영상은 이 디지털 영상을 모니터를 통하여 촬영한 화상이다.

MRI

1937년, 미국 워싱턴 주 타코마 해협(Tacoma Narrows)에 첫 번째 다리가 건설되었을 때 사람들은 세상에서 가장 아름다운 다리라고 격찬했다. 당시 신공법으로 건설되었고 미항으로 이름난 타코마 항에 썩 잘 어울리는 훌륭한 다리였다. 그런데 그 다리가 완공 3년만인 1940년 11월 7일 맥없이 붕괴되었다. 당시 일단 다리가 무너진 원인이 바람에 있었다고 추정하였다. 그러나 타코마 다리는 최악의 토네이도에도 견딜 만한 강도를 갖도록 설계되었다. 그럼 바람의 강도가 아니면 무엇일까?

조사 결과 그 다리는 바람의 세기가 아닌, 바람으로 인한 진동(Vibration)

에 의해 붕괴된 걸로 밝혀졌다. 개통 당시부터 심한 진동을 계속한 다리의 이상한 행동 때문에 사람들은 이 다리를 '날뛰는 거티'라고 부르고 있었고, 다리 위에 서 있으면 전율을 느낄 정도였다고 한다. 다리의 이러한 행동에 관심을 가졌던 워싱턴 대학의 파퀴하슨 교수가 다리의 상태를 점검하면서 촬영을 하고 있었는데 오전 10시경부터 그의 눈앞에 불가사의한 일이 벌어지기 시작했다. 길이가 840m인 타코마 다리가 가운데를 중심으로 꽈배기와 같이 좌우로 비틀리기 시작하여 분당 14번씩 옆의 사진과 같이 좌우로 뒤틀렸는데 그 각도는 수평면에 대해 아래위로 각각 45도 정도까지 되었다고 한다. 결국 11시쯤 다리는 중앙부터 부서지기 시작하여 곧 몇 분 후 가운데의 대부분이 파괴되고 마는 것이다. 다리를 붕괴시키기에는 턱없이 약한 바람에 거대한 철 구조물이 엿가락처럼 휘어 무너져 내린 사실에 토목 기술자들은 경악하지 않을 수 없었다.

때로는 공명으로 참혹한 사태가 벌어지기도 한다. 1850년 프랑스에서는 478명의 군인들이 쿵쿵 발을 맞추며 앙제 다리를 걸어가다가 공명이 일어나 다리가 무너져 버렸다.

이 사고로 군인 226명이 죽었다. 1985년 멕시코 지진 때는 중간 높이의 건물들이 많이 붕괴하였는데 그 이유는 이 높이의 건물이 가지고 있는 고유 진동주기가 지진파의 진동주기와 거의 같아서 공명현상이 발

타코마 브리지 붕괴

생하였기 때문이다.

이와 같이 다리나 건물이 무너진 것에 대하여 길게 설명하는 이유는 치료기술이 다리 붕괴현상과 유사하기 때문이다. 그 치료기술이 바로 MRI이다. MRI는 자기공명영상(Magnetic Reasonance Imaging)의 줄임말로, X선처럼 방사선이 아니므로 인체에 무해하고, CT보다 정밀한 영상을 얻을 수 있으며, 가로로 자른 단면뿐만 아니라 원통형이나 원뿔형의 단면도 촬영할 수 있는 방법이다.

우리 몸에는 수많은 자석이 들어 있다. 몸속에 들어 있는 수소원자(물: H_2O)는 한 개의 막대자석과 같다. 이 자석의 **회전하는 질량은 자기모멘트(Spin)를 만들고 외부자장의 영향으로 세차운동을 한다**. 자유롭게 회전하는 원자는 작은 자석으로 볼 수 있는데, 강한 자석을 나침반 주위로 회전시키면 나침반 바늘이 자석을 따라 회전하듯이 외부에서 강한 자기장을 형성시키면 원자핵은 자기장의 방향으로 정렬된다. 이때 원자핵은 축이 기울어진 팽이처럼 외부 자기장에 대해 약간 경사진 상태로 있게 되며, 인체 안에 있는 여러 종류의 원자들은 각자의 고유한 진동수를 갖게 된다. 여기에 고주파를 발사하면 원자들은 자기장의 영향으로 각기 다른 특정한 주파수의 고주파를 흡수한다. 고주파를 끊게 되면 흡수했던 주파수와 동일한 고주파를 다시 방출하는 공명현상을 일으킨다. 물질 내부의 수소 원자는 외부 자기장뿐만 아니라 주변에 존재하는 다른 원자의 자기장에 의해서도 영향을 받는다. 따라서 같은 수소원자라고 하더라도 주변에 분포하는 원자의 종류에 따라 공명현상을 일으키는 주파수가 조금씩 다르게 된다. 여기 공명 현상은 물체의 떨림, 즉 진동 때문에 생긴다. 한 개의 진동이 정확하게 같은 주파수를 가진 또 다른 진동과 만나면 그 폭이 현저하게 증가하는데, 이는 공연장 음향이나 성악가의 발성법 등 다양한 분야에 활용된다. 자연도 가끔 공진 '발맞추기'를 한다. 소리도 발맞추기를 하는 것을 볼 수 있다. 마이크로 들어간 소리가 스피커를 통해 나오고 다시 마이크를 통해 들어가, 그 둘이 발을 맞추기 시작하면 찢어질 듯한 고음이 끊임없이 이어져 나온다. 이를 '오디오 피드백'이라고 하는 것이다.

이러한 공명하는 주파수를 연구하면 물질 내부의 여러 구조에 대해서 알 수 있다. 인체의 대부분은 물로 이루어져 있다. 검사를 하고 있는 사람의 몸에 자기장을 걸어주면 몸 안에 있는 수소 원자는 공명 현상에 의해 외부의 고주파로부터 특정한 진동수의 에너지를 흡수한다. 흡수된 에너지가 다시 방출될 때까지의 시간은 질병을 가진 세포에 따라서 다르므로 이 정보를 컴퓨터로 분석하면 원하는 부위의 영상을 얻을 수 있다.

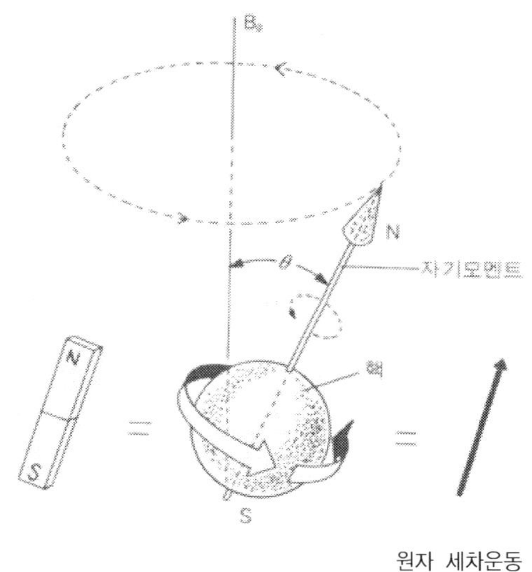

원자 세차운동

그런데 앞서 설명한 CT와 MIR의 차이를 보면, MRI는 자석의 힘과 라디오 주파수를 이용하여 검사하고, CT는 X선과 컴퓨터를 이용한다. CT는 단면의 영상으로 진단하는 반면 MRI는 단면, 횡면, 사면 등 여러

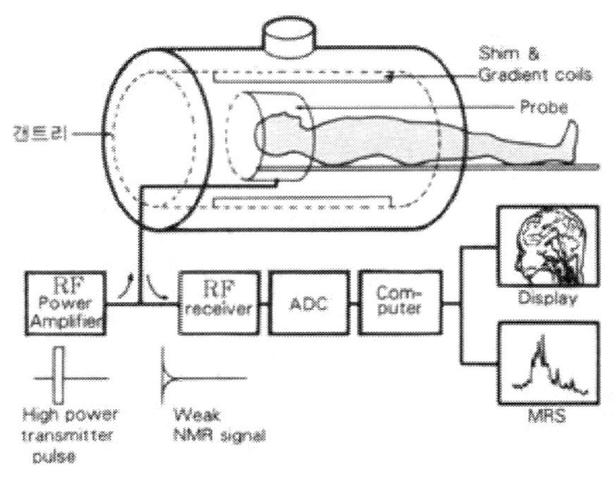

MRI측정 시스템

면으로 검사가 가능하다. 방사선을 이용한 검사는 피폭의 우려가 있으나 MRI는 아직까지 유해성을 논할 수 없다고 본다. 뇌신경계통의 검사나 골반부, 근육 골격계에서는 그 침윤 정도를 보다 더 세밀하게 볼 수 있다. 그러나 폐결절(폐의 검사), 소아기계(복부검사), 급성외상에 의한 출혈(특히 교통사고 직후 검사)은 CT가 MRI보다 진단적 가치가 높다. 그러나 48시간의 혈액 응고시간이 지난 후의 교통사고 환자는 MRI가 좋다. MRI 검사를 받을 수 없는 사람도 있다. 예를 들면 심박 동기를 가진 환자, 심판막술을 받은 환자, 철성분이 강한 금속을 지닌 사람은 자장의 영향을 받을 수 있으므로 곤란하다. 또한 MRI 검사는 약 1시간이라는 많은 검사시간 때문에 협조가 안 되는 환자나 어린이의 검사는 필히 진정제를 투입하여 잠을 자는 상태에서만 검사가 가능하며, 기계 자체가 CT보다 커서 밀실공포증 환자도 어려움이 있다.

〈표 7〉 CT와 MRI의 비교

구 분	CT	MRI
촬영시간	단시간	장시간
좌상 발견	알기 어렵다	보다 알기 쉽다
부종 발견	알기 어렵다	보다 알기 쉽다
방사선	피폭 약간 있다	없다
금속 등 반입 여부	반입 가능	반입 곤란

PET/CT

얼마 전부터 언론에 PET라는 용어가 자주 등장하고 있다. PET는 『애완용 동물』이라는 단어와 같은 단어로. 지금 국내 많은 병원에서 비약적인 증가 추세에 있다. PET는 애완동물이 아니고 "양성자 방출 단층촬영"이다. 여기에 CT의 기능을 추가시켜 PET/CT라는 의료기술의 첨단장비로 사용되고 있다. 그러나 PET/CT라는 장비는 많은 장점을 지니고 있지만 고가라는 점에서 많은 병원, 특히 소규모 병원에서 많이 보급되어 있지 못한 실정이다. 이러한 PET/CT 장비에 대한 특징을 간단히 살펴보기로 한다.

첫째, 장비 자체가 비싸다. 둘째, 장비와 더불어 PET/CT 검사를 위해 반드시 필요한 「F-18 FDG」라는 방사성 의학품 또한 비싸고 관리하기가 까다롭다. 셋째, 장비를 설치하고 운영하기 위한 독립 공간은 물론 피검사자들이 안락하게 대기할 수 있는 공간이 필요하며, 방사성 물질의 관리를 위한 부수적인 시설이 뒷받침돼야 한다. 대형 종합병원이 아니면 선뜻 PET/CT를 설치하는 것이 쉬운 일은 아니다.

PET - CT(양전자 방출 단층촬영)이란 우리 몸속의 신진대사에 사용되는 물질(예: 포도당)과 양전자를 방출하는 방사선동위원소를 결합시킨 약물을 주사하여 인체 내 조직의 대사과정을 영상화하는 검사로 생화학적 및 생리적 반응을 영상화 할 수 있는 검사 방법이다. 수검자에게 양전자를 방출하는 방사성 의약품을 정맥주사하면 전신에 퍼지게 되고 몸 안에 풍부하게 존재하는 전자와 만나 소멸반응을 일으키면서 항상 180도 방향을 가진 에너지 511 KeV의 두 개의 감마선을 발생시키게 되는데, 그것을 원형 검출기로 인식해 우리 몸 각 구성 원소들의 소비 현황을 영상화하는 것이다. 현재 PET검사에 주로 쓰이는 방사성 의약품은 반감기 110분의 포도당의 유사체인 F - 18 Fluorodeoxyglucose(FDG)이다. F - 18 FDG를 주사한 후 뇌, 심장, 근육 등에서 포도당 대사가 이루어지는 것을 영상화하면 정상이 아닌 암 조직은 비정상적으로 훨씬 많은 양의 포도당을 소모하므로 검사 결과 포도당 소비량이 아주 높은 곳은 암 조직일 가능성을 제시하는 것이다.

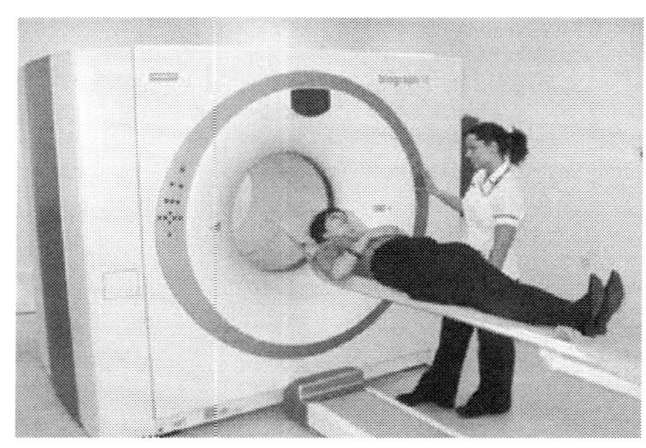

PET/CT 장비

PET/CT는 CT의 뛰어난 해부학적 영상과 PET의 생화학적인 정보를 경합하여 암의 발생 유무와 위치, 형태 및 대사 이상 등을 정확하게 파악하여 암을 진단하는 최첨단 장비이다. CT는 인체의 해부학적 변화를 정확하게 반영하여 병소의 위치와 형태를 관찰하는데 좋지만 병소의 미세한 생화학적 변화 및 치료 후 병소 변화에 대한 평가가 어려운 점이 있다. PET은 해부학적 변화가 일어나기 전 단계인 대사 이상을 정확하게 찾아내므로 CT에 비해 종양의 조기 진단이 가능하며, 질환의 진행 정도 결정, 종양의 악성여부 판정 및 효율적인 치료방법 결정, 치료 후 재발여부 판정에 좋은 검사 방법이다. 그러나 PET은 CT보다 해상도가 낮아 병소의 정확한 위치나 주위 장기와의 관계 등을 정확하게 파악하는 데 어려운 점이 있다. 이러한 PET의 단점을 보완하고 CT의 장점을 결합하여 등정한 것이 PET/CT이다. PET/CT는 특히 난치성 뇌신경계 질환, 악성종양, 심장질환 등의 임상분야에서 이용되고 있다.

치료 범위
° 종양
- 암의 조기진단/ 양성과 악성 종양의 감별/ 암의 병기 결정/ 재발 암의 진단/
  치료 반응 평가
° 신경정신계 질환
- 치매의 진단과 원인 규명/ 뇌혈관 질환 진단/ 정신질환 진단/ 뇌성마비 진단/
  간질 환자의 수술 전 검사

치료 방법
1. 진료와 검사 처방 2. PET-CT실에서 검사 예약 3. 검사 전 면담 4. 검사 전 안정과 전 처치 5. 방사성의약품 주사 및 대기 6. PET-CT 촬영 7. 추가 촬영 여부 확인 후 귀가 8. 외래. 병실의 담당 의사 진료 시 결과 확인(총 소요 시간은 약 2시간)

주의 사항
- 전신의 포도당 대사를 검사하므로 검사 전에는 6시간 이상 금식. 그러나 금식

중에도 생수는 섭취할 수 있다.
- 검사 전 방광을 완전히 비울 수 있도록 소변을 보시고 이때 소변이 옷이나 몸
  에 묻지 않도록 주의.
- 당뇨가 있거나 두통약 등 뇌질환과 관련된 약물 복용 환자분은 미리 상담을
  받아야 한다.
- 당뇨병 환자의 경우 혈당 조절이 잘되지 않으면 검사 시간이 지연될 수 있다.
- 검사 직전에는 과도한 움직임이나 말을 삼가 주시고 주사를 맞은 다음에는 1
  시간 정도 안정을 취해야 한다.
- 뇌 촬영 때에는 검사당일 담배, 커피, 홍차, 콜라 등과 같은 음료는 삼가야 한다.

LASER

레이저(laser)란 "light amplification by stimulated emission of radiation"
이란 영어의 각 단어 머리글자를 따서 조합한 합성어로서 우리말로 하
면 "유도 방출 과정에 의한 빛의 증폭"이란 뜻이다. 일반적으로 Laser란
말은 Laser 빛을 발생하는 장치를 지칭하기도 한다, Laser 빛은 유도 방
출로 증폭된 빛이기 때문에 백열전구나 형광등, 태양등 기존의 광선에서
나오는 빛과는 다른 성질을 갖고 있다. 그러면 레이저는 일반 빛과 어떻
게 다른가?

레이저 빛은 다른 빛과 달리 여기, 유도방출, 증폭, 발진과정을 거쳐
발생한다. 여기란 원자나 분자가 외부로부터 충격을 받아 높아진 에너지
로 흥분된 상태를 말한다. 마치 물이 햇빛을 받아 구름으로 되는 것처럼
구름은 안정을 취하지 못하고 곧바로 비나 눈으로 내려오게 된다. 이것
이 레이저에서는 유도방출이라 한다. 유도방출이란 불안정한 상태에서

안정상태로 되돌아오는 것을 말하는데 이때 빛을 만들어낸다. 그런데 만들어낸 빛이 일반 빛과 같으면 레이저 빛이 되지 않는다. 방출된 빛을 계속하여 증폭을 일으켜야 되는데 이 일을 두 개의 거울이 맡는다. 두 개의 거울 사이에서 반사된 빛이 왕복하면서 레이저 빔으로 바뀌게 되는데 이것을 가리켜 발진이라고 한다. 그렇다면 레이저 빛은 어떤 특징을 갖고 있을까?

첫째는 단색성(monochromatic)을 갖는다. 즉, Laser 빛은 한 가지 파장으로 된 빛이다. 백열전구에서 나오는 빛은 빨 주 노 초 파 남 보의 여러 가지 색깔의 빛이 섞여 있으나 레이저 빛에서는 단 한 가지 색깔만 존재한다. 만약 두 가지를 프리즘으로 분산시켜 보면 그 차이를 알 수 있다.

둘째, 레이저 빛은 지향성(directional)이 있다. 이 말은 백열전구에서 나오는 빛은 전구에서 멀어지면 빛의 세기가 급격히 줄어들지만 레이저 빛은 거리가 아무리 멀더라도 빛의 세기가 거의 줄어들지 않는다. 이를 일상생활에서 빛의 지향성을 갖도록 한 장치를 포물경으로 빛을 평형하게 반사시키는 플래시가 있는데 어느 정도의 지향성을 가지나 레이저에 비해 떨어진다. 우리가 만약 야간 경기를 벌이고 있는 야구장에서 조그만 한 He – Ne 레이저 (5 mW)를 달로 향하게 하고 달 표면에서 지구를 본다면 어떻게 될 것인가 수백 KW를 쓰고 있는 야구장은 보이지 않고 단지 세기가 백만분의 이 정도인 Laser 빛만 보이게 된다.

세 번째, Laser 빛은 간섭성(coherent) 빛이다. 간섭성이란 백열전구에서 나오는 빛이 무질서한 빛이라고 한다면 레이저 빛은 질서정연한 빛이다. 다시 말해 백열등은 원자가 제각기 독자적인 파장의 빛을 발생시키지만 레이저는 이웃한 원자들이 서로 긴밀한 관계를 가지고 있어서 일사 분란한 빛을 내기 때문이다. 따라서 레이저는 빛이라기보다 빔(beam), 광선이라는 말을 쓴다.

이러한 레이저 빛은 지구상에 자연적으로 존재하지 않는 빛이다. 따라서 인공의 빛이라 할 수 있는데 레이저 빛을 만들려면 세가 구성요소를 갖추어야 한다. 첫째는 레이저 빛을 낼 수 있는 특별한 원자나 분자이어야 한다. 빛에는 두 종류, 형광과 인광이 있다. 형광이란 여기 된 전자의 수명이 짧은 원자를 말하고 이는 가리켜 수명(life time)이라고 한다. 형광의 경우 수명이 10^{-8}sec에 불과한 반면 인광의 경우 수명이 수 sec, 수 minute에 이른다. 그런데 레이저가 발진 되려면 특별한 에너지 상태를 갖춘 원자 또는 분자라야 한다. 이러한 에너지 상태를 가리켜 준안정상태(metastable state)라 부르는데 이러한 준안정상태를 갖춘 원자나 분자가 레이저를 발진할 수 있는 것이다.

둘째, 레이저를 만들 때, 한 쌍의 거울이 필요하다. 두 거울이 서로 정면으로 마주보고 있어야 100% 빛을 공진시킬 수 있고 마침내 증폭된 빛을 얻을 수 있게 된다. 두 거울 사이에 특별한 원자나 분자가 채워져서 광증폭을 일으키게 되는 것이다.

셋째, 레이저의 광 증폭을 위해서 끊임없이 외부 에너지가 공급해 주어야 한다. 증폭된 빛을 연속하여 얻으려면 그만큼 에너지가 공급하도록 펌프가 필요하다. 이때 공급된 에너지는 다른 빛이나 전기 에너지가 사용된다. 또한 레이저 종류로는 고체, 액체, 기체, 반도체 레이저가 있다.

대표적인 고체 레이저로는 루비레이저, Nd:YAG가 있고 액체 레이저는 색소 레이저(dye Laser), 기체 레이저는 He-Ne 레이저, CO_2 레이저가 있고 반도체 레이저로서는 GaAlAs 레이저가 대표적이다.

오늘날 이러한 다양한 레이저의 개발에 따라 그 이용분야가 다양해지고 있고 산업용뿐만 아니라, 가공용으로 쓰이고 첨단 의료분야가지 다양해지고 있다. 특히 의료용으로 쓰이는 것은 레이저의 특징 때문인데 많은 부위를 손상시키지 않고 낮은 에너지에 의한 데미지가 적어 앞으로 더욱 발전할 것으로 보고 있다. 태양광의 파장은 대략 200에서 3000nm로 자외선에서 근적외 사이에 분포되어 있어 우리가 장시간 햇빛을 피부에 쪼이게 되면 자외선에 의한 멜라닌의 생산 촉진으로 피부가 갈색으로 변하게 되고 적외선 영역의 빛에 의해 검게 타게 된다. 일광욕을 과다하게 하면 건조 피부의 효과와 함께 피부가 얇게 되어 피부 표면 가까이 있는 혈관이 팽창되고, 피부에 소형의 붉은 반점이 생기게 된다. 피부에 생기는 반점은 이것 외에도 혈관의 비정상적 성장에 의해 생기는 혈관종, 시간이 지남에 따라 검게 되는 포트-와인스테인 모반, 거미혈관 등과 타박상에 의한 피하 출혈로 인하여 생기는 황색 반점 등이 있다.

피부에 대한 레이저의 응용은 색소 과립 세포의 선택적 상해를 연구하기 위해 이미 1960년부터 시작이 되었다. 현재까지의 피부치료 효과는 아르곤 레이저를 이용한 혈관 이상 증식에 의한 붉은 반점 치료의 경우 성인의 경우 70% 내지 80%이고 어린이의 경우 40%로 되어 있으나, 동조 가능 색소 레이저를 이용한 경우는 100% 치유가 가능한 것으로 발표되고 있다. 레이저 치료는 무혈로 수술 후 고통과 붓는 증상이 없으므로 특히 얼굴 부위에 적용하기 좋으나 얼굴은 피부가 얇고 투명하므로 조심해야 한다.

또한 사람의 눈은 길이가 대략 24mm이고 직경이 23mm정도인 구형에 가까운 형태를 가지며, 바깥쪽으로부터, 공막, 혈관조직, 맥락 막의 3개의 층으로 덮여 있고 내부는 수양액이 차 있는 전방 실, 눈의 수정체가 있는 후방 실 그리고 유리 액이 들어 있는 3개의 공동으로 분리된다. 눈의 가장 안쪽 벽에 망막이 위치해 있다. 눈은 우리 몸의 기관 중에서 가장 접근이 쉬운 곳이며, 가시광선에 투명하여 진단이나 치료를 위한 내부 구조 검사가 용이하고, 내부 조직에는 멜라닌과 같은 색소를 포함하고 있어 레이저 빔이 잘 흡수되며 또한 치료 후 치료의 효과를 쉽게 관찰 가능하여, 결과로 생기는 시각 기능의 변화를 쉽게 측정할 수 있다는 것이 현재 레이저가 안과 분야에 가장 많이 응용되고 있다. 이밖에도 절가수술에 쓰이는 레이저 메스나 응결장치, 병든 세포를 제거하거나 파괴하고, 지혈작용 등에 이용되는 등, 의학적 치료 방법이 급속도로 발전하고 있으며, 많은 분야에서 실용화되어 가고 있다. 많은 임상실험 결과, 그 치료 효과가 매우 우수하다는 결과가 나오고 있으며, 국내에서도 매우 활발하게 많은 연구가 진행되고 있다.

초음파

초음파란 무엇인가? 박쥐는 사람보다 높은 주파수가 생활권이다. 높은 음을 내고 높은 음을 듣고, 그래서 눈으로가 아니라 귀를 이용하여 반사파의 소리를 듣고 곤충의 위치를 탐지하여 잡아먹고 산다. 사람한테는 안 들리는데 박쥐는 듣는다. 그리고 박쥐가 싫어하는 높은 주파수의 소리를 내면 싫어서 도망가고 스트레스를 받는다. 보통 사람의 귀로 들을 수 없는 높은 주파수의 초음파라고 부른다. 일반적인 음이란, "공기의 진동이 사람의 귀에 전달되어 고막을 진동시킴으로써 인간의 감각으로 느끼는 것"이라 할 수 있다. 인간의 감각을 기본으로 만들어진 것인데 사람은 개인에 따라 다르지만 대략 20Hz에서 20KHz까지 들을 수 있다. 이를 가청주파수라고 부르는데 20Hz는 아주 저음이고 18KHz는 소프라노의 아주 높은 음이다.

이러한 초음파가 의학 분야에 이용되기 시작한 역사는 그리 오래되지 않았다. 초음파가 인간의 생체조직에 영향을 미친다는 것은 초음파 변환기 근처의 작은 물고기가 죽는 것을 보고 알았다. 본격적인 연구는 진공관의 개발 이후로 주파수와 전압 증폭이 용이해진 때부터다. 지난 27년 미국의 로버트 우드(Robert Wood) 등은 초음파가 생체조직에 미치는 영향을 조사해 약 300㎑의 초음파를 수 분간 쬐었을 때 작은 물고기와 개구리들이 죽는 것을 관찰했다. 30년대 말 초음파를 이용한 질병 치료의 사례가 보고 됐고 40년대 초음파 진단장치가 개발돼 세인의 관심을 끌었다. 90년대 이후 국내 병원에서도 초음파 영상진단기는 필수 진단기기로 자리를 잡았다. 초음파는 서로 다른 조직의 경계에서 일부 반사되고 나머지는 투과된다. 이 과정에서 조직의 온도 증가와 역학적인 힘의 발생 등과 같은 현상이 함께 나타난다. 뿐만 아니라 산란과 도플러 효과에 의해 주파수 스펙트럼이 변하는 현상도 나타난다. 이러한 초음파의

특성을 이용해 초음파 영상진단기술과 심장혈류 이상 및 골다공증 진단
기술이 개발돼 활용되고 있다. 더 나아가 인체를 절개하지 않고 체외 충
격파로 담석을 깨는 치료방법까지 개발되어 있다. 최근에는 나노 기술과
접목, 환부에 선별적으로 작용하는 약물전달 기술 개발이 진행 중이다.
이처럼 초음파는 작은 에너지로 인체에 손상이 없이 여러 가지 진단을
할 수 있을 뿐만 아니라 큰 에너지로 세포를 죽이거나 담석을 깨는 등
의 치료도 가능하다. 현재까지는 국내에서 의료용 초음파에 의한 피해
사례는 뚜렷이 나타나고 있지 않다. 하지만 산업현장에서는 고출력의 초
음파가 세정·용접·절단·화학반응 등에 활용되고 있음을 감안할 때
초음파 사용이 무조건 안전하지는 않다는 것을 알 수 있다. 인체 내의
종양을 가열·응고시켜 개복수술을 하지 않고서도 암 조직을 제거하는
기술 등에서 보듯이 초음파는 강력한 에너지를 인체에 전달할 수 있지
만 잘못 다루어지면 심각한 위험을 끼칠 수 있다.

생각해보기

1. X - 선은 어떤 빛인가?

2. 타코마 브릿지 붕괴의 원인인 '공명 현상'을 어떻게 설명
   할 수 있을까?

3. 다음 의료 장비에 관련하여 빈 칸을 적절히 채워라.

	장 점	단 점	비 고(원 리)
CT			
MRI			
PET/CT			
Laser			

제8장

동물의 비밀

IQ와 EQ

사람은 만물의 영장이다. 그러한 이유는 모든 동물 가운데 뛰어난 지적능력, IQ(intelligence quotient =(정신연령 − 생활연령) X 100)를 갖고 있기 때문이다. 사람 중 가장 IQ가 높은 사람은 이탈리아 한 주부로 IQ가 228이라고 한다. 이에 비해 아인슈타인의 IQ는 158이었다. 세계에서 가장 IQ가 높은 나라, 그것은 대한민국으로 평균 IQ가 106으로 1위로 나타났다. 그리고 2위는 일본(105), 대만과 북한이 104로 공동 3위를 차지하였으며 오스트리아, 네덜란드, 독일 이탈리아(102)로 그 다음 순위를 차지한다. 하지만 노벨상을 가장 많이 받은 이스라엘은 30위권에도 들지 못한다. 그렇다면 동물 가운데 가장 IQ가 높은 동물은 무엇일까? 그것은 돌고래이다. 돌고래의 IQ는 90정도, 그다음 코끼리(80), 침팬지(70), 돼지(60 − 70), 그리고 애완으로 기르는 개 30 − 60에 훨씬 능가하는 수치를 보이고 거의 인간평균 수준에 이른다고 할 수 있다. IQ가 높은 순서는 뇌의 비중(뇌 무게/몸 무게)이 큰 순서라고 한다. 뇌의 비중이 가장 큰 동물은 돌고래라고 한다. 그 다음 IQ의 크기와 관련된 것이 뇌구(뇌의 주름)의 크기이다. 돌고래의 뇌구는 사람의 것보다 넓어 이것이 IQ를 높게 만드는 요인이라 한다. 참고로 돌고래는 거울을 사용하여 자기 몸에 묻은 것도 볼 수 있고 어부 그물에 잡혔을 때 아픈 환자를 돌보다 함께 잡히기도 하며 때로는 협력해서 물고기를 사냥하는 모습이 카메라에 잡히기도 하였다. 그렇다면 높은 IQ가 사람을 사람 자리에 올려놓은 것일까?

그동안 사람이 IQ가 높은 것이 학업능력이나 사회적인 성공도가 높은 것으로 평가하여 IQ가 높은 것을 매우 자랑스럽게 생각했었다. 하지만 심리학 박사인 다니엘 골먼은 자신의 저서 '정서지능'에서 높은 IQ가 학업이나 사회성공에 있어서 중요하지 않고 EQ(emotional quotient)가 더 중요함을 강조한다. IQ는 어떤 것에 대해서 아는가 모르는가 하는 지식 차원의 능력을 나타낸다고 하면, EQ는 어떤 것에 대해서 어떻게 느끼는가 하는 감정차원의 능력을 나타내는 수치이다. IQ는 프랑스의 비네라는 정신과 의사에 의해 1905년 첫선을 보였고, EQ는 1990년에 미국의 심리학자인 메이어와 샐로비에 의해서 처음 나타났다. 그는 인생에서의 성공에 IQ는 20% 내외의 영향을 미칠 뿐이며, 나머지 80%는 EQ의 영향이 크다고 말하고 있다. 즉, 학업성과에 있어서 IQ와 관계가 있는 기억력, 추리력도 중요하지만 책상에 오래 앉아 있을 수 있는 지구력이나 인내심, 주의 집중력, 유혹에 대한 저항력 같은 것은 EQ로써 자신의 정서와 감정의 통제능력이 학업성과에 있어서 큰 영향을 미친다는 것이다.

사람을 닮은 동물 – 양

동물 가운데서 또 다른 사람 닮은 동물이 있다. 바로 양은 정말 사람을 아주 흡사하게 닮은 동물이다. 필립 켈러의 '나는 한때 목동이었습니다'라는 책에서 사람의 속성을 말하듯 양을 이렇게 소개한다.

첫째, 무리를 지어 생활을 한다.

둘째, 환경적으로 열악하고 살기 어려운 사막이나 산지 어떤 곳에서나 산다.

셋째, 몸에는 특별한 무기가 없다.

넷째, 병에 약하다.

다섯째, 목자를 잘 따르고 순종한다.

여섯째, 높은 곳을 잘 오르길 좋아한다.

일곱째, 심술, 시기, 질투, 이기심 등이 많다.

이런 양의 모습을 보고 있노라면 사람과 아주 닮은 점이 많다. 양들은 아무데나 절대 눕지 않는다고 한다. 왜냐하면 목전에 목숨을 노리는 이리나 늑대가 언제나 도사리고 있기 때문이다. 사실 맹수들은 그들의 속성상 풀밭과 맑은 물가로 모여든다. 저들은 먹이가 그곳으로 모여들도 잘 알고 있기 때문인 것이다. 그럼에도 불구하고 양들이 누울 수 있는 몇 가지 조건이 있다.

첫째 - 배고픔이 사라졌을 때, 풀밭에서 마음껏 풀을 뜯고 난 뒤 쉬고자 하였을 때이다.

둘째 - 두려움이 없을 때이다. 지진, 홍수, 등과 같이 예측 불허의 자연재해나 공포로부터 해방 될 때를 말한다.

셋째 - 마찰이 없을 때, 자기들 끼리, 어미와 형제들 간에 갈등이 제거되었을 때 눕는다.

넷째 - 벌레가 없을 때, 파리, 모기 기생충들이 없어 질병의 염려가 사라졌을 때이다.

우리 사람들은 경제적인 어려움, 전쟁과 홍수 가뭄과 지진 같은 천재

지변이 없으면 얼마든지 행복할 수 있다. 그 가운데 이웃과의 갈등 부모 형제와 갈등으로 고민을 하고 또한 온갖 질병으로 얼마나 많은 고통을 당하며 사는가 그리고 한 가지 염려와 걱정이 더해진 것은 이러한 사회적으로 외적인 문제 못지않게 정신적 심리적 질병 등 내적인 문제가 더 심각하고 날로 더 어렵게 만드는 사회로 변하고 있는 것이다. 양들에게도 이러한 문제는 마찬가지인 모양이다. 사람의 몸과 삶속에서 보이지 않는 육체적 질병에 의한 고통과, 정신적인 내적고민이 있는 것처럼 양에게도 이러한 문제를 안고 살아간다.

양의 간에는 간충이라 하는 기생충이 있다. 양의 간세포로부터 영양분을 섭취해 먹고 살아간다. 그러나 양의 간에서는 부화할 수 없다. 이것을 알고 있는 간충의 알들은 양의 몸 바깥으로 나오려 한다. 그리하여 양의 배설물에 섞여 몸 밖으로 나오고 거기서 부화된 애벌레는 달팽이에게 먹힌다. 달팽이의 몸에서 기생하는 동안에 우기를 만나게 된다. 그리고 그 때 달팽이가 내뱉는 끈끈물에 담겨 배출된다. 하지만 간충의 여정은 거기서 끝나지 않는다. 끈끈물은 하얀 진주송이 모양으로 개미들을 유혹한다. 개미의 몸속으로 들어가를 성공한 간충은 개미 갈무리 주머니에 오래 머물지 않고 수천 개의 구멍을 뚫고 나온다.

그리고는 그 소동으로 개미가 죽지 않도록 하기 위해 견고한 풀로 구멍을 다시 메워 개미의 갈무리 주머니를 여과기처럼 만든다. 양의 몸속으로 다시 들어가려면 개미를 죽여서는 안 되기 때문이다. 간충의 애벌레들은 양의 간 속으로 되돌아가야 한다. 그런데, 어떻게 벌레를 잡아먹지 않는 양으로 하여금 개미를 삼키게 만들까? 양들은 신선할 때 풀의 윗부분을 뜯어먹는다. 그러나 개미들은 풀의 뿌리 근처, 서늘한 그늘만 돌아다닌다. 시간도 장소도 잘 맞아떨어지지 않는다. 그렇다면 어떻게 양과 개미를 만나게 할 수 있을까? 간충은 개미의 몸, 가슴, 다리, 배 여러 곳으로 흩어져 각각 수십 마리씩 들어가고, 그중 한 미리는 뇌 속으로 들어간다. 바로 이 한 마리 특별한 임무를 띤 간충, 이 간충 애벌레가 개미 뇌에 자리를 잡는 순간, 개미는 엉뚱한 행동을 하기 시작하는 것이다. 몽유병 환자처럼, 일개미들이 잠든 밤 몰래 개미집을 나와, 풀밭으로 나가고 풀잎 꼭대기에 올라가 달라붙는다. 거기서 뻣뻣이 굳은 채로 아침을 기다리며 양들이 풀과 함께 뜯어 먹히기를 기다리도록 뇌에서 조정하는 일을 한다. 정말 그렇다. 우리 사람들도 이런 양처럼 나쁜 생각이나, 악한 마음, 더러운 질병이 일단 몸속으로 들어오면 아무리 바른 길을 걸으려 해도 똑바로 걸을 수 없을 뿐만 아니라 건강하게도 살 수 없는 것이다.

기는 놈과 뛰는 놈

꼬리치레 도롱뇽은 정말 게으르고 무능하고 지구상에 어떻게 지금까지 살아 남아있었는지 이해가 잘 되지 않는 동물이다. 이들이 서식하는 곳은 사람들의 발길이 닿지 않고, 어떤 동물들도 전혀 없거나, 아니 없을 순 없으니 먹이가 풍부해서 서로가 서로를 해치지 아니하는 완전 청정지역과 같은 곳에서나 살 수 있는 종류이다. 그래서 1급수에만 산다고 해서 '1급수 지표'로 삼고 있기도 하다. 도롱뇽은 하루에 1m 안팎을 움직이는 아주 느리고 게으른 동물인데 하루에 먹이 사냥을 10회 정도밖에 하지 않는다고 한다. 그 방법이 '입을 벌렸다 오므리는 정도'의 아주 소극적인 방법이니 성공 확률이 높을 수 없다. 겨우 한두 번 성공에 불과하니 성공률이 나쁠 수밖에 없다. 이런 정도의 동물이 살아가려면 먹이가 엄청나게 풍부해서 누구나 잡아먹을 수 있는 곳이어야 한다. 똑똑하고, 잘나고 재치 있으며 머리가 좋은 동물들이 모여 있는 곳에서는 절대 불가능하다. 그러니 완전 청정지역에만 살 수밖에……

이런 동물에 반하여 일명 '폭격하는 풍뎅이'라는 이름을 가진 봄바르디어(bombardier)는 자신을 보호하기 위해 복잡한 화학물질을 만들어 내는 곤충이다. 몸 안에는 두 가지 특수한 화학 약품 생산 공장을 가지고 있어서 한 방에서는 과산화수소(H_2O_2)를 만들고 다른 방에서는 히드로퀴논($C_6H_6O_2$)이라는 화학물질을 만든다. 그런데 이 두 화학물질이 따로 있을 때는 별 문제가 되지 않는다. 하지만 두 물질이 혼합되면 큰 폭발력을 나타낸다. 그런데 풍뎅이는 이를 혼합하는 주머니를 따로 가지고 있어서 절대 스스로 자폭(?)하는 불상사는 발생하지 않는다. 그리고 적이 나타났을 때, 잽싸게 화학약품을 혼합하여 뒤쪽에 있는 특수한 관으로 분사시켜 적의 면전에 발사하게 됨으로써 적을 혼비백산시켜 퇴치하게 되는 것이다.

그리고 풍뎅이에게는 해가 없는 것은 억제제가 별도 있기 때문에 가스를 혼합해도 폭발은 일어나지 않는다. 오직 상대방에게 그 폭탄이 발사되었을 때에만 폭발하도록 구조가 되어있다. 신기한 것은 풍뎅이가 어떻게 그런 화학물질을 개발하고 혼합하는 기술을 알았는지, 정확한 혼합비와 가스의 폭발력을 알았는지 궁금할 따름이다. 최근 과학자들 연구한 결과 첫 번째 분비샘에서 만든 것이 25%의 과산화수소이고 두 번째는 10%의 하이드로 퀴논이라는 것을 알았다. 또한 풍뎅이 꽁무니에 열전대 서미스터를 장착하여 분사되는 화학물질의 온도를 측정하였더니 무려 100℃나 된다는 사실이었다. 고속촬영으로 확인해 보았더니 자유자재로 분사방향을 360도 바꿀 수 있을 뿐만 아니라 1000분의 2초에 걸쳐 '펑펑펑펑…' 분사한다는 사실도 밝혀졌다.

이처럼 완벽하고 무시무시한 무기로 무장을 한 곤충이 또 어디에 있을까? 완벽한 무기로 중무장한 풍뎅이는 뛰어난 놈이다. 이처럼 뛰어난 풍뎅이는 다닐 때에도 요란스럽다. 오렌지 빛과 은빛 파란색으로 현란한 몸의 색깔을 하고 있어 적의 눈에 띄게 다닌다. 하지만 저들은 마치 '나야말로 폭격장치로 무장했으니 적을 향해 덤빌 테면 덤벼봐! 겁날 것 없어!' 하며 교만한 마음도 드러내는 것이다. 그만큼 자신 있다는 뜻이다. 여기에 조용히 저들 생명을 노리는 동물, 개구리가 있다. 개구리는 풍뎅이가 막강한 무기와 방어 수단을 가지고 있다는 사실을 모르고 있는 것

봄바르디어 풍뎅이

꼬리치레 도롱뇽

일까? 물론 다 알고 있다. 혼합된 가스 폭발이 개구리들에게 치명적인 것도 안다. 그래서 개구리가 풍뎅이를 만나게 되면, 잽싸게 꽁무니에서 폭발음이 들리기 전에 저의 꽁무니 쪽을 모래 속에다 처박아버린다. 이에 놀라 풍뎅이는 마구잡이로 모래 속에 화약을 다 쏴 버린다. 그리고 화약이 다 소모되기를 기다리는 것이다. 쏘기가 끝날 무렵, 포식자 개구리는 풍뎅이를 날름 잡아먹는다. '뛰어난 놈 위에 아는 놈'인 것이다.

비가 내리고 난 후 날이 개이면 지렁이는 땅 위로 올라온다. 땅 위로 올라온 지렁이는 어디론가 기어가려는 듯 꿈틀 꿈들 기어간다. 그러다가 햇빛에 말라죽거나 새들의 먹이가 되고 사람들에게 밟혀 죽기도 한다. 땅위를 기어 다니기가 얼마나 위험한 일인지 알기나 하는지? 지렁이가 위험을 무릅쓰고 땅위로 기어 나온 이유가 뭘까? 사실 비가 올 때 지렁이가 땅 위로 나오는 것은 비를 좋아해서가 아니라 땅속에서 물에 잠기면 숨이 막혀 죽기 때문이다. 어쩌면 살기 위해, 사람들이 보고 혐오스럽고 징그럽게 여기지만 땅 밖으로 나오는 것이다. 그러나 지렁이는 참으로 괜찮은, 지구상에 오래 살아 있어야 될 동물이다. 왜냐하면 지렁이는 사람이 하지 못하는, 사람들이 오염시키고 버려놓은 땅을 제대로 정화시키는 일을 시켜야 하기 때문이다. 하루에 자기 체중의 100배가 넘는 양의 토양을 섭취해서 기름진 토양으로 바꾸고 그러기 위해 연간 1000배가 넘는 번식력을 가지고 어둡고 침침한 곳에서 묵묵히 일하고 있기 때문이다.

그 가운데 땅속 지렁이를 밖으로 불러내는 새도 있다. 도요새는 땅속에 숨은 지렁이를 잡기 위해 부리로 땅을 이리저리 찍는다. 그러면 거짓말처럼 지렁이들이 땅 위로 올라오기 시작한다. 지렁이는 비가 오는 날

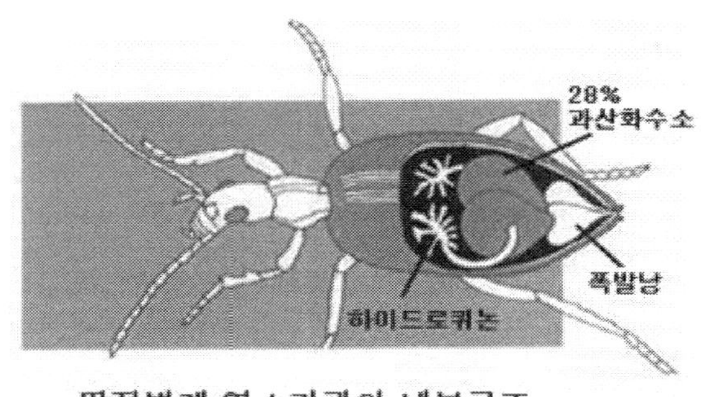

딱정벌레 연소기관의 내부구조

에만 땅 위로 올라오는데 말이다. 나오는 타이밍도 중요한데, 이미 기어 다니는 지렁이는 비가 내리기 시작한 후 나오면 늦는다는 것을 알고 빗방울이 땅을 때리는 진동을 감지하자마자 땅 위로 올라오는 법을 터득했다. 오랜 세월 지렁이를 관찰해온 도요새는 어느 순간 지렁이의 패턴을 읽었다. 그렇다고 비 오는 날만 기다리는 것도 수동적인 방법이다. 그래서 도요새는 궁리 끝에 지렁이가 나오도록 소나기를 만들어냈다. 부리를 두들겨 소나기가 땅을 내리치는 듯한 진동을 만들어 낸 것이다. 그래서 도요새는 땅위로 올라와 기어 다니는 지렁이를 잡아먹는 아이디어로 사용하고 있다. '기는 놈 위에 나는 놈'인 것이다.

세 가지 스타일 – 거미, 개미, 꿀벌

세 종류의 곤충형 사람이 있다. 거미, 개미, 꿀벌 스타일이다. 첫째는 남에게 해만 끼치며 사는 거미 형이다. 거미는 노력을 하지도 않고 거미줄을 쳐놓고 걸려드는 벌레들을 노력과 힘을 들이지 않고 잡아먹는다. 참으로 치사하고 잔인한 놈들이다. 그렇다고 거미는 부지런하거나 희생정신이 있는 것도 아니다. 때문에 그런 곤충 형을 좋아하지 않는 대표적인 곤충이라 할 것이다. 곤충사이에서도 한 가족으로 등록되지 못해 절지동물과이다. 이름마저 집거미, 왕거미, 장님거미, 무당거미, 독거미…
얼마나 흉악한 이름인가! 저들의 종류는 5만이 넘는다고 한다.

　거미의 그물 치기의 명수다. 다른 곤충을 잡아먹기 위해서인데 방사성
모양으로 그물 치는 모습은 그 순서가 치밀하고 신기할 정도로 재미있
다. 저녁 무렵 날이 어두워지기 시작하면 거미는 슬금슬금 나무 위로 올
라간다. 그리고 나무 끝가지에 서서 바람이 부는 반대쪽을 향하여 한번
올려다본다. 실을 던질 곳을 찾아 낸 거미는 반대편 나뭇가지 쪽으로 달
라붙어 엉덩이 끝 방적돌기를 내밀며 실을 뽑기 시작한다. 대략 70㎝는
족히 되는 실을 반대편 나뭇가지 쪽으로 휘날려 보내 이따금씩 뒷다리
로 눌러 실이 반대편 가지에 걸렸는지 확인한다. 끈기
있고 침착하게 능숙한 솜씨로 실이 나무에 걸렸음을 감
지되면 줄을 타고 반대편으로 건너가서 왔다 갔다, 돌
기도 하고 묶기도 하며 순식간에 거미줄을 완성한다.

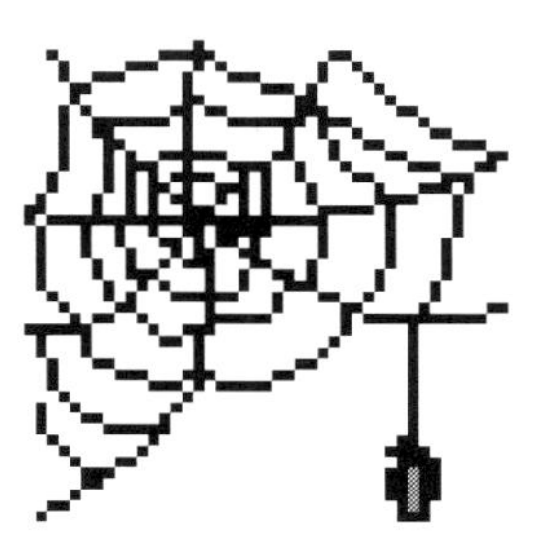

　사실인지는 잘 모르지만, 성경에 다윗 왕은 거미를
몹시 싫어했다고 한다. 아무 데나 음침한 곳에 집을 짓
는 더럽고 치사할 뿐만 아니라 잔인하고 욕심 많은 것
으로 생각하였기 때문이라 할 것이다. 다윗은 싸움터에서 적에게 포위되
자 몸을 피하기 위해 동굴로 들어갔다. 그때 커다란 거미가 나타나 동굴
입구에 거미줄을 쳤다. 얼마 후 적의 군사들이 다윗의 뒤를 쫓아 동굴로
찾아왔다. "여기 동굴이 있는데 그 속을 찾아볼까?" "그러지" 그러자 다
른 군사 하나가 말했다. "동굴 입구에 저렇게 거미줄이 처져 있는데 사
람이 들어 있으려고…"라며 다윗의 뒤를 밟던 군사들이 돌아갔다. 군사

들이 돌아간 후, 다윗 왕은 물끄러미 거미를 바라보았다고 한다.

두 번째 주인공은 개미이다. 쉬지 않고 열심히 일을 하는 부지런한 개미형을 말한다. 개미는 몸의 크기가 수 ㎝에 불과한 몹시 작은 몸집임에도 불구하고 지구 어는 곳에서나 적응하고 잘 산다. 개체 수에서 수십억의 십억 배 종족을 자랑한다. 저들이 그렇게 왕성하게 번식할 수 있던 이유는, 많은 학자들이 아무거나 먹는 식성 좋은 잡식성 때문이라고 한다. 어떤 이는 부지런함이 가장 큰 이유일 거라고도 한다. 또한 개미는 대화를 할 수 있는 통신의 명수로도 알려져 있다. 개미의 의사소통은 시청각이 아닌 후각이다. 페로몬이라는 화학물질이 몸속 들어 있어 개미가 먹이를 물고 집으로 가는 개미를 따라가 보면 배의 끝 부분을 땅에 끌고 가는 모습을 볼 수 있는데 그것은 개미가 먹이가 있는 곳에서부터 집까지 페로몬을 묻히려는 행동이다. 이는 다른 동료들이 잘 찾아다닐 수 있게 하기 위함이다. 또한 저들은 침입자가 나타나면 즉시 '페로몬 경보'를 발동, 순식간에 수많은 일개미들이 사건 현장으로 모여들게 만들어 소탕작전에 돌입하기도 한다. 개미가 이러저러한 능력으로 1억 5천만년 동안 사람들과 동거하며 살아온 것이다.

그러나 부지런하고 똑똑함에도 불구하고 인간보다도 더 잔인하고 치사한 놈들도 있다. 아프리카 열대우림 지역에 사는 '베짜기 개미'. 저들은 자연계 곤충 가운데 유일하게 미성년자를 혹사시키는 잔인한 곤충이다. 애벌레들을 마치 베틀 북처럼 사용하며 집을 짓는다. 우선, 여러 마리의 일개미들이 협동하여 주변의 나뭇잎들을 가까이 끌어당긴 다음, 몸집이 큰 일개미들이 애벌레들을 입에 물고 두 나뭇잎 가장자리로 고개

를 번갈아 움직인다. 일개미의 큰 턱에 허리를 묶인 애벌레들은 끈끈한 명주실을 분비하여 나뭇잎들을 엮게 만든다. 이렇게 하여 여러 나뭇잎들을 엮어 어른의 주먹 크기에서 머리통 크기의 방들을 꾸민다. 애벌레들이 분비하는 명주실은 원래 그들이 번데기로 변하며 들어앉을 고치를 만드는데 사용할 물질이다. 따라서 작업장에 차출 된 애벌레들은 결국 자신의 몸을 감쌀 수 없게 되는 것이다. 저들은 미성년 개미들까지 동원하여 살벌한 사회를 이루어 살고 있는 것이 우리 인간 사회를 보고 있는 듯하다.

이렇듯 개미의 부지런함의 장기에 아낌없는 칭찬을 해주고 싶지만 인정머리 없고 어떻게 해서라도 자기들만 잘 살아 보려는 이기심과 과분한 욕심에 얄미운 생각이 든다.

셋째는 이 꽃 저 꽃을 찾아다니며 식물에게 열매를 맺게 해주고 꿀을 채취해서 누군가에게 나누어 주는 꿀벌형이다. 어쩌면 꿀벌은 이웃까지 더불어 생각할 줄 아는 균형 잡힌 곤충이다.

화창한 봄날, 꿀벌들은 신이 나서 꿀을 딴다.

꿀벌의 대화

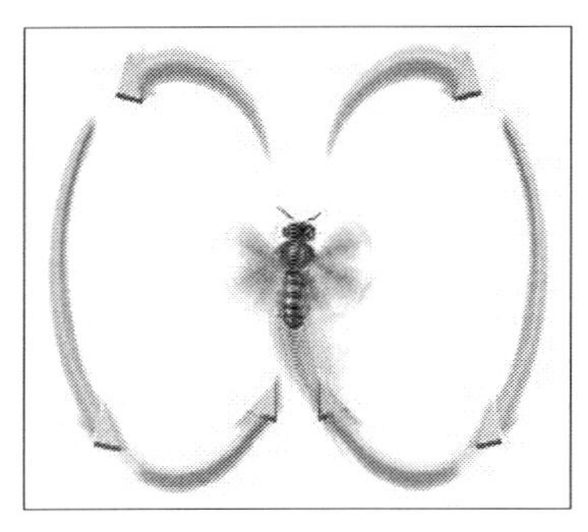

8자 형 춤

사람들이 접근을 해도 아무런 반응을 보이지 않을 만큼 관심이 없다. 그만큼 꽃이 많고 꿀이 많다는 뜻이다. 꿀벌은 이럴 때는 '8'자형 춤까지 춘다. 8자형 춤이란 벌들의 언어, 꼬리를 길게 혹은 짧게, 강하게 약하게 흔들면서 스텝과 모양을 자주 바꾼다. 이런 행동은 다른 벌들에 꿀을 딸 수 있는 꽃의 방향과 거리, 그 꿀의 품질을 춤으로 표현하는 것이라 한다. 예를 들어 15초 안에 10번 흔들면 100m, 6번 흔들면 500m, 4번 흔들면 약 1500m 정도에 꽃과 꿀이 있다는 뜻이다. 그러나 여름철 장마철이면 꿀벌들은 조금만 가까이 가도 윙윙 소리를 질러대며 신경질적 반응을 보인다. 사람들이 조금만 접근을 해도 쏘이기 일쑤. 그것은 그만큼 벌들이 꿀을 따기가 여간 어려운 상태가 아니라는 뜻이다. 이런 경우 꿀벌의 내부 사정을 들여다보면 더욱 그러한 사정을 잘 이해가 된다. 어느 날 어떤 곤충학자가 밤새도록 꿀벌 통을 지켜보았다. 아침이 되자 벌통 앞에는 꿀벌의 시체가 수북하게 쌓여 있는 것이 아닌가! 그는 어찌된 영문인지 깜짝 놀랐다. 밤새 벌통 속에서 무슨 일이 벌어졌는지 궁금하기도 했다. 밤새 꿀벌 통 주변에서 아무런 소란도 없이 조용했었으니까⋯ 꿀벌들은 식량이 줄어들면, 긴급 비상회의가 열리고 '식구 줄이기' 작업(?)에 들어간다고 한다. 작게는 절반, 많을 때는 1/3, 1/4까지 자기들 식구를 줄이며 식량을 조절하는 것이다.

오늘 우리들은 어떤 모습으로 살고 있는가? 자기만을 위해 혼신을 다

해 비겁하고 남에게 피해를 끼치는 잔인한 거미형으로? 아니면 부지런
하고 지혜는 있지만 자기 이익만을 추구하는 개미형? 또한 열심히 남을
위해 돕고 수익을 나눌 줄 아는 꿀벌형? 여러분은 어떤 유형인가?

하루살이

나비와 나방은 생김새가 비슷한 같은 목(目), 다른 종(種)의 곤충이다.
모두 공통적으로 꽃 속의 꿀이나 나무의 수액, 잘 익은 과일즙을 먹고
산다. 하지만 나비는 성장하여 익충이 되어 남에게 이롭게 살지만 나방
은 해충으로 그저 그렇게 사는 경우가 대부분이다. 나비는 우리나라에만
도 대략 260여 종이 살고 있다. 그러나 나방은 그보다 열 배가 넘는 2
천 5백여 종이나 되고 세계적으로는 나비가 2만 여종, 나방은 20만여
종에 이른다고 한다. 대략 나방은 나비의 10배가 넘는 수준이라 볼 수
있다.

이처럼 나방의 10분의 1정도에 불과한 나비의 날개는 대부분 곱고 아
름다운 색채를 띠고 이에 반하여 나방은 얼른 보기에 화려해 보이지만
어둡고 칙칙한 진한 단색을 띠고 있는 것이 보통이다. 그리고 나비는 주
로 낮에 활동을 한다. 하지만 나방은 주로 밤에 활동을 하는 편이다. 낮
에 주로 활동하는 나비는 태양으로부터 에너지를 얻는다. 그래서 큰 어
려움이 없다. 그러나 나방이 밤에 활동하는 관계로 스스로 에너지를 만
들어 자급해야 생활을 할 수 있다. 이 때문에 한밤중 가로등 불빛 사이
로 모여드는 나방들을 모습을 흔히 볼 수가 있는 것이다. 그리고 가로등

불빛 아래 바닥에 엎드려 몸부림치듯 날개를 퍼덕거리는 나방을 보게 되는데 이것은 에너지를 충전 작업(?)이라 할 수 있다.

그런데 나방은 왜 강한 불빛을 보면 빙글빙글 도는 것일까? 가로등 등불 아래 모인 나방의 무리는 마치 술에라도 취한 듯, 불빛을 향하여 돌진하듯 달려들기도 하고, 전등불에 부딪쳐 길바닥에 나뒹구는 나방들을 종종 발견하곤 하는 것이다. 사실 겹눈을 가진 나방은 사물을 분간하기 어렵다고 한다. 겹눈 가운데 하나가 달에 초점을 맞춰져 있고 나머지 다른 겹눈과 조율해서 사물의 형체나 거리를 가늠하기 때문이다. 그래서 가로등 불이 여기저기 커지면 나방은 달빛, 이보다 더 밝은 가로등 불빛을 구별하지 못해서 등불 주위를 빙글빙글 돌게 되는 원인이 된다는 것이다.

이와 같은 나방과 더불어 덩달아 불빛을 빙글빙글 도는 곤충이 또 하나 있다. 바로 하루살이. 하루살이는 '5월의 파리', 덧없는 삶의 대명사로 일컫는데 하루살이의 영어 이름이 'mayfly'이기 때문이다. 하지만 하루살이는 그 이름처럼 단 하루만 사는 것은 아니다. 보통 알이 애벌레로 되는 데 거의 한 달이 걸리고, 또 애벌레는 1~2년을 물속에서 살다가 성충으로 자라므로, 그리 짧은 일생은 아니다. 단지 성충으로 사는 기간이 짧다는 것, 하지만 성충이되어서 보통 2, 3일은 예사고 길게는 14일 넘게 산다.

그런데 곤충학자 파브르는 하루살이의 삶을 주의 깊게 관찰하여 중요한 사실을 발견하였다. 하루살이들은 아무런 목적이 없이 무턱대고 앞에서 날고 있는 놈만 따라서 그저 빙글빙글 돌고 있더라는 사실이다. 어떤 방향이나 목적이 없이 그렇게 무턱대고 성충이 된 날들 동안 계속하여 날다가 결국 죽고 만다는 것이다. 우리는 이런 하루살이와 같이 삶의 목적과 방향 없이 살아가는 것을 유리하는 삶이라 말한다.

성경 창세기에 카인과 아벨 이야기가 있다. 아담과 하와가 동침하여 아이를 얻었는데 첫째는 카인이고 둘째는 아벨이었다. 카인이란 히브리어로 뜻은 '얻었다'이고 둘째 아들을 아벨의 뜻은 '허무하다'였다. 무엇을 얻었고 무엇이 허무했는지 모르지만 카인은 밭을 가는 농부가 되었고 아벨은 양을 치는 목자가 되었다. 세월이 지난 후 각기 얻은 소출을 하나님께 제물로 드렸다. 카인은 밭에서 난 곡식을 드렸고 아벨은 양 떼 가운데 가장 아름다운 것으로 드렸다. 그런데 어찌된 영문인지 하나님께서는 아벨의 제물은 받으셨는데 카인의 것은 반기지 않았다. 그러자 카인이 몹시 화가 났다. 안색이 변하였다. 화를 내고 얼굴빛이 달라진 카인의 모습을 보고 하나님은 죄가 카인을 지배하려 하니 그 죄를 잘 다스리라고 말씀한다. 하지만 카인은 동생 아벨을 불러다 들판에 가서 그만 쳐 죽이고 만다.

그러자 하나님이 카인에게 아벨이 어디 있는지 묻는다. 카인은 모른다고 말하며 자기가 아우를 지키는 사람이냐고 오히려 따지기까지 한다. 그러자 하나님은 카인에게 아벨의 피가 땅에서 울부짖는다고 하시며 땅에서 저주를 받을 것임을 말씀한다. 이에 카인은 "나를 만나는 자는 다 나를 죽이겠나이다."하고 불안에 떨며 애절한 호소를 한다. 그는 만나는 사람이 다 무서워졌다. 인간의 마음에 공포심이 깃든 것은 이때부터 생겨났다. 또한 저주를 받아 유리하는 사람이 되었다.

카인과 아벨

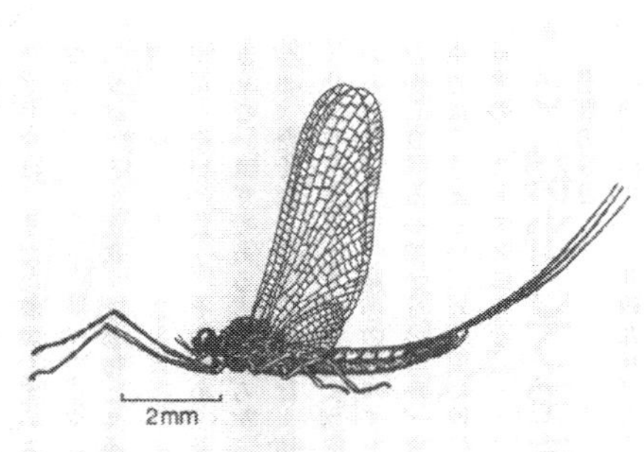

하루살이

　　그렇다면 우리의 삶은 어떤가? 돈을 쫓고, 권력과 쾌락, 귀중한 생명의 시간을 낭비하고 방황하는 삶, 그러다가 증오심이 생기고 미운 마음이 들어오면 그것 때문에 아무것도 하지 못하는 불안한 삶이 표준이다. 오늘날, 조직 폭력배나 불량배, 아니 일반적인 거의 모든 사람들의 삶이 이런 것을 숨기며 살고 있는 것이다. 목적이 없는 그래서 아무렇게나 살고, 외모에 신경을 쓰고, 돈을 모으고 권력을 쟁취하기 위해 모든 수단과 방법을 가리지 않는다. 언젠가는 모은 돈을 좋은데 쓰리라. 하지만 그날이 쉽게 오지 않는다. 그야말로 허무한 삶으로 대부분 끝나는 것이다.

　　하루살이라는 이름은 그리스어로 '겨우 하루 목숨'이라는 데에서 유래하게 되었다. 성충이되어서는 불과 며칠이 못 살기 때문이다. 그런데 하루살이가 성충이 되면 입이 없다. 입이 막혀 아무것도 먹을 수 없으며 성충으로서의 유일한 기능이란 생식기능만을 가지게 된다. 왜 하나님은 하루살이의 입을 이처럼 퇴화시켜야 했을까? 어차피 오랜 시간을 살아가지 못하고 짧은 시간동안 살 것인데 남은 시간 동안 실컷 먹을 수 있도록 오히려 입을 크게 열어놓아야 하지 않았을까? 잘은 모르지만 오직 짝만 찾아 정처 없이 날아다니며 유리하는 삶을 사는 놈이기에 어쩌면 그러한 벌로 입을 퇴화시켜 놓았는지 모른다. 어떤 사람들은 살기 위해 먹고 먹기 위해 산다고 말한다. 얼마전 모 방송프로에 대학 재학 중인 여학생들의 생각이 방송되어 인터넷상에 떠들썩하게 만들었다. '외모와 돈, 키 작은 사람들에 대한 혐오발언, 명품을 소지하고 싶은 마음 속 등'이 그것이다. 그것이 옳고 그름을 떠나 하루살이처럼 금방 왔다 가는 인생이기에 그저 잘 먹고 잘 살고, 아무렇게 살고, 외모에만 신경 쓰며, '폼생폼사'를 위해 수단 방법을 따지지 않고 물질은 모으는 데 집중하는 젊은이들이 늘고 있다는 점이다. 이처럼 하루살이와 같은 우리 인생에게 이미 주어진 벌은 무엇인지 생각해 보자.

땅콩 속 비밀

조지 워싱턴 카버 박사는 1860년 미국 중부 미주리 주의 한 농가에서 태어났다. 태어난 지 얼마 안 되어 흑인 노예인 어머니는 실종됐고 백인 아버지는 사고로 죽었다. 그래서 어린 시절 남의 집 헛간에서 거하며 온갖 학대를 받고 자랐다. 그러나 그는 모든 난관을 극복하고 미국 역사에 가장 빛나는 농학박사가 되었다. 땅콩에서 의약품, 식료품, 화장품 등 무려 350여 가지가 넘는 상품을 개발했다. 땅콩 한 가지로 105가지의 맛 좋은 식품과 200가지의 실용품을 만들었다. 그리고 고구마로 대용 밀가루, 풀 등 118가지 실용품도 만들었다. 그 외에도 여러 가지 식물의 열매, 줄기, 뿌리를 가지고 500가지의 식물성 물감도 만들었다. 이러한 엄청난 연구결과를 낸 과학자였음에도 불구하고 그는 흑인이라는 이유로 사회적 냉대를 받았다. 1921년 1월 21일 의회에서 그가 증언한 회의록은 그의 모든 열정을 그대로 보여준다.

카버 박사: 저는 농업을 연구하는 사람으로서 그동안 땅콩에 대해 특별한 관심을 가지고 연구해 왔습니다. 지금 저는 가장 가치 있는 땅의 소산물 중의 하나를 말하려고 합니다. 영양가가 많고 화학적 성분도 풍부하며, 그것을 응용할 방도에서는 한이 없을 만큼 많은 땅콩입니다. 제가 가지고 나온 이 견본들을 좀 늘어놓고 모두 보여드려야 하나, 10분만 지나면 저에게 이제 그만두라고 하실 것 같아 몇 가지만 보여드리겠습니다. 이것들은 땅콩으로 만들어낸 몇 가지 제품입니다. 이 식품은 땅콩과 고구마로 만든 것입니다. 아침식사에 적합한 음식인데 맛도 좋고 소화도 잘되고 건강에도 좋습니다. 땅콩과 고구마는 쌍둥이와 같은 식품입니다. 다른 모든 식품이 다 없어져도 이 땅콩과 고구마만 있으면 사람이 얼마든지 살 수 있습니다. 이 두 가지에는 사람에게 필요한 모든 영양분이 다 들어 있기 때문입니다.

위원장: 거기 놓인 다른 것들은 무엇입니까?

카버 박사: 이것들은 아이스크림의 원료입니다. 역시 땅콩으로 만든 것입니다. 여기에 물만 조금 부으면 훌륭한 아이스크림이 되지요. 그리고 이 병에 들어 있는 것들은 땅콩 껍질에서 뽑아낸 물감입니다. 저는 한 30여 가지의 물감을 만들었습니다. 이 물감들을 시험해 본 결과 색이

변하지 않고 사람의 피부에도 아무런 해가 없었습니다. 여기에 키닌의 대용품이 있습니다. 땅콩에 들어 있는 의학적 성분도 아주 훌륭합니다. 이처럼 땅콩에는 여러 가지 성분이 들어 있습니다. 또 이것은 가축의 사료입니다. 이 사료를 가축에게 먹이면 살이 많이 찝니다. 젖소에게 먹이면 젖이 많이 납니다. 이 밖에도 20여 가지의 땅콩 제품이 있는데 시간이 거의 다 된 것 같군요. 그런데 꼭 말씀드리고 싶은 것은 남부의 기후와 토질은 특별히 땅콩을 재배하기에 적합하다는 것입니다. 그러므로 시장만 개척하면 땅콩은 얼마든지 생산할 수 있다는 것이지요. 만일 우리가 외국에서 들어오는 땅콩에 의존하고 생산하지 않는다면 큰 낭패가 아닐 수 없다는 사실을 아셔야 될 것입니다. 감사합니다.

가너 의원: 위원장, 카버 박사의 말은 참으로 귀합니다. 시간을 연장하여 더 듣는 것이 좋겠습니다.

위원장: 좋습니다. 모두 찬성하십니까?

위원들: 좋습니다.

위원장: 카버 박사, 그대로 계속해 주시겠습니까?

카버 박사: 네, 좋습니다. 그렇게 하겠습니다.

레이니 의원: 땅콩을 이용할 수 있는 방도는 아직도 계속되고 있습니까?

카버 박사: 네, 그렇습니다. 지금 우리는 시작에 불과합니다.

레이니 의원: 그렇다면 우리가 땅콩을 더 많이 생산할수록 좋겠군요?

카버 박사: 네. 그렇지요. 그런데 그것은 정책을 어떻게 세우느냐에 달렸다고 할 수 있습니다.

바클리 의원: 땅콩이 그렇게 주요한 식량이 되고 또 이용도가 많다 해

서 너무 땅콩 생산에만 주력할 경우 그에 따른 위험성은 없겠습니까?

카버 박사: 글쎄요. 그것을 위하여 어떤 대책을 세워야 되겠지요. 무엇보다도 다른 나라의 땅콩이 우리나라에 들어오지 못하도록 제재해야 할 것입니다.

가녀 의원: 카버 박사는 관세법에 관해서는 아무것도 모른다고 하시지 않았습니까?

카버 박사: 그러나 외국인들이 우리를 우리의 생산업으로부터 몰아낸다는 것이 무엇인지는 알고 있습니다(웃음). 진정으로 말하고 싶은 것은, 미국은 세계 어느 나라보다도 좋은 땅콩을 생산할 수 있다는 사실입니다.

러이니 의원: 그렇다면 우리는 질이 나쁜 외국산 땅콩을 전혀 두려워할 필요가 없겠군요. 외국산 땅콩은 경쟁이 안 되겠네요?

카버 박사: 그렇지 않습니다. 잘 아시다시피 어떤 사람은 마가린을 버터와 똑같이 여깁니다. 마찬가지로 질이 나쁜 외국산 땅콩과 미국에서 생산되는 땅콩을 같다고 생각하는 사람들도 있는 것입니다. 그러므로 품질이 좋은 우리나라 땅콩을 보호하는 대책이 있어야 합니다.

올드필드 의원: 그런데 낙농업자들은 버터에는 세금을 부과하지 않고 마가린에만 세금을 붙이도록 했지요.

가녀 의원: 그것은 세금을 부담시켜서 마가린 제조업을 못하게 하려는 것이지요.

카버 박사: 네, 바로 그것입니다. 그것이 바로 관세법이란 것이지요. 말하자면 상대방을 관세로써 몰아내자는 것이겠지요(웃음). 이제는 제 말을 끝내야겠습니다.

위원장: 계속하십시오. 박사의 시간은 무제한입니다.

카버 박사: 그럼 계속하지요. 여기에 땅콩으로 만든 우유가 있습니다.

올드필드 의원: 어떻게들 생각하십니까? 땅콩 우유에 세금을 부과시켜서 낙농업과 경쟁을 하지 못하도록 해야 되지 않을까요?(웃음)

카버 박사: 아니, 천만의 말씀입니다. 땅콩 우유는 낙농업에 아무런 영향도 끼치지 않을 것입니다. 땅콩 우유는 그 자체로 독특한 가치를 지니고 있으니까요.

바클리 의원: 글쎄요. 땅콩 우유가 낙농업을 몰아낼 염려는 없을까요?

카버 박사: 우리는 지금 미국에서 소요되는 우유와 버터를 충분히 생산해내지 못하고 있습니다.

바클리 의원: 그것으로 펀치(음식의 이름)를 만들 수는 없나요?

카버 박사: 잠깐만 기다려 주십시오. 곧 펀치(주먹으로 때린다는 뜻)를 드리지요(웃음). 자, 이것은 오렌지의 대용품이고, 이것은 레몬이고, 이것은 앵두이고, 이것은 커피인데 설탕과 우유가 다 들어 있습니다. 다 땅콩으로 만든 것입니다.

위원장: 그 모든 것을 선생님 자신이 만드셨나요?

카버 박사: 그렇습니다. 다 실험실에서 만든 것입니다. 고구마를 가지고 만든 것도 그 수가 107가지나 됩니다.

가너 의원: 무엇이라 말씀하셨지요? 잘 듣지 못했습니다.

카버 박사: 고구마로 만든 것의 수가 107가지라고 말했습니다. 그 중의 몇 가지를 든다면 잉크, 조미료, 포마드, 고무풀 따위가 있습니다. 그러나 오늘은 땅콩 이야기만 해야지요. 사실 땅콩은 고구마보다 훨씬 좋은

것입니다. 저는 땅콩을 가지고 이용하는 방도를 찾아내기 시작한 것뿐입니다. 여기에 감쪽같이 속일 수 있는 인조꿀이 있습니다. 그리고 땅콩으로 인조고기를 만드는 방법을 알아냈습니다. 맛이 아주 훌륭합니다.

가너 의원: 당신은 그런 짓을 하여 축산업을 망칠 셈이군요?(웃음)

카버 박사: 그것은 아닙니다. 땅콩은 고기를 먹지 않아야 할 사람이 마음 놓고 먹을 수 있는 고기입니다.

바클리 의원: 그런데 박사께서는 그 모든 것을 어디서 배우셨습니까?

카버 박사: 책에서 배웠지요.

바클리 의원: 어떤 책에서 배웠나요?

카버 박사: 그것은 성경책입니다. 이 책은 하나님이 만물을 다 이용하라고 우리에게 주셨다고 기록되어 있습니다. 하나님은 이 책을 통하여 땅에서 나는 열매 중 몇 가지 신비스러운 것을 저에게 보여주셨습니다. 창세기 첫 장에는 "내가 온 지면의 씨 맺는 모든 채소와 씨 가진 열매 맺는 모든 나무를 너희에게 주노니 그것이 너희 식물이 되리라"고 기록되어 있습니다. 이것이 바로 하나님이 말씀하신 식물입니다. 이 열매들은 우리의 몸에 영양분을 공급하고 우리 몸을 보존할 수 있게 하며 건강하게 하는 것입니다.

케이류 의원: 박사께서는 어느 학교에 다니셨습니까?

카버 박사: 제가 다닌 최종 학교는 아이오와 농과대학입니다. 오랫동안 농림장관으로 계시던 제임스 윌슨 박사를 기억하고 계실 줄 믿습니다. 그가 바로 저를 6년 동안이나 가르치신 은사이십니다.

위원장: 지금은 어느 시험소에서 일하고 계시지요?

카버 박사: 앨라배마 주에 있는 터스키기 학원에서 일하고 있습니다.

위원장: 계속해서 말씀해 주십시오.

카버 박사는 거의 두 시간 동안이나 때로는 농담도 하며 여러 가지 땅콩 제품을 보이면서 의원들을 매혹시켰다.

다음은 카버 박사가 세계적으로 유명해지고 나서 노년에 이르러 미네소타 주 세인트 폴에 있는 맥칼리스터 대학에서 강연할 때 한 말이다.

"저는 어찌 할 바를 몰라 마음이 괴로웠던 10월 어느 날 새벽, 해 뜨기 전에 산속으로 들어가 거닐다가 동쪽에서 떠오르는 해를 보고 '오, 창조주시여! 당신은 무엇을 하시려고 이 우주를 창조하셨나이까?'라고 물었습니다. 창조주께서는 저에게 '너는 너의 작은 소견을 가지고 너무 큰 것을 알려고 하지 말고 네게 알맞은 것을 물어보아라'고 하셨습니다. 그래서 저는 '사람을 무엇에 쓰시려고 세상에 두셨는지 말씀해 주십시오.'라고 했습니다. 그때 창조주께서는 '너는 아직도 네가 감당치 못할 큰 것을 묻고 있구나. 그 쓸데없는 것은 묻지 말고 네가 마음속으로 진정 원하고 있는 것이나 말해 보려무나.'라고 하셨습니다. 저는 너무도 엄숙해졌습니다. 한참 만에 저는 마지막으로 말씀드렸습니다. '하나님이시여! 당신은 무엇을 하시려고 땅콩을 만드셨습니까?' 그러자 창조주께서는 '됐다. 너는 땅콩을 한 줌 들고 실험실로 들어가서 연구를 계속하여라.'고 말씀하셨습니다."

생각해 보기

1. 양과 사람의 닮은 점은 무엇인가? 그렇지 않다면 무엇이 다른가?

2. 동물의 세계에서 배울 점이 있다면 무엇인가? 아는 것을 말해보라.

3. 나는 어떤 곤충형인가? (거미, 개미, 꿀벌)

4. 지식과 지혜의 개념을 설명하라.

5. 땅콩박사를 읽고 느낀 점 쓰기(내 손 안에 든 땅콩은 무엇인가?)

제9장

생활의 발견

서 론

생활 속에서 우연히 발견한 과학은 없을까? 그 숨어 있는 과학이 진실과 차이가 있지는 않았는가? 전혀 다른 엉뚱한 방향으로 설명되고 있지는 않는가? 어쩌면 만화나 영화, 스포츠, 놀이공원의 오락기구, 체육 운동기구 등에서 우리는 얼마든지 과학을 발견한다. 과학을 이용한 것들이 많기 때문이다. 그리고 요즈음 보는 일반 영화 내용에서도 미래에 펼쳐질 공상의 과학영화가 많이 있다. 어쩌면 저들에 의해서 생활과학이 진보하고 발전하고 있는지도 모른다. 이 장에서는 우연히 발견된 생활 속 과학 현상들을 몇 가지 소개한다.

자이로드롭의 와류

자이로드롭

여러 개의 작은 자석이 부착된 30㎝ 자를 스탠드 위에 비스듬히 고정시켜 높은 탁자 위에 올려놓고, 아래에는 종이컵 4개를 준비한다. 기울어진 자에 500원, 100원, 50원, 10원짜리 동전을 차례로 굴리면 동전은 탁자 아래에 준비된 4개의 컵 속으로 각각 떨어지게 된다. 이것이 동전 자판기의 원리이다. 바로 자석과 동전 사이에 생기는 '유도전류' 때문이다. 코일 주위에서 자석이 움직이게 되면 자기장의 변화에 의해 코일에는 전류가 흐르게 된다. 이때 흐르는 전류를 '유도전류'라고 한다. 동전이 자석에 의한 자기장과 동전에 생긴 유도전류의 상호작용에 의해 힘을 받게 되며, 그 힘은 '렌츠의 법칙'에 의해 동전이 움직이는 방향과 반대 방향으로 작용한다. 그래서 낙하하는 동전에는 브레이크가 걸리게 되는데, 질량과 성분이 다른 동전은 저항의 정도에 차이가 생겨 각기 다른 위치에 떨어지게 되는 것이다.

이와 같은 원리를 이용한 놀이기구가 있다. 그것은 바로 자이로드롭, 자이로드롭에는 무슨 과학원리가 숨겨져 있는가? 유도기전력은 유도전류가 만드는 자기장에 의해 전자기유도를 일으키는 원인이 된 자기력선의 변화가 지워지는 방향으로 발생한다. 자판기에 동전을 넣을 수 있는 구멍은 1개이지만 그 안에 준비된 4개의 통에 스스로 분리되는 것과 동일한 원리이다. 어떻게 이런 현상이 가능할까? 구리관이나 알루미늄관 속에다 자석을 떨어뜨리면 자석이 상당히 천천히 떨어지게 되는 것을 눈으로 볼 수 있다. 이때 낙하속도는 자석의 자력세기와 구리 관과 자석과의 거리 등에 따라 결정된다. 놀이기구 자이로드롭은 이렇게 해서 발생하는 와전류(eddy current; 맴돌이 전류)에 의해 브레이크를 거는 것이다. 다른 어떤 전자장치로 브레이크를 거는 경우 자칫 정전이나, 회로이상으로 인해 브레이크가 걸리지 않는 경우가 발생할 때 치명적인 사고를 일어날 수 있으나 와전류 손실을 이용한 브레이크 장치를 만들어 놓으면 사고 날 확률이 전혀 없게 된다.

소금쟁이와 표면장력

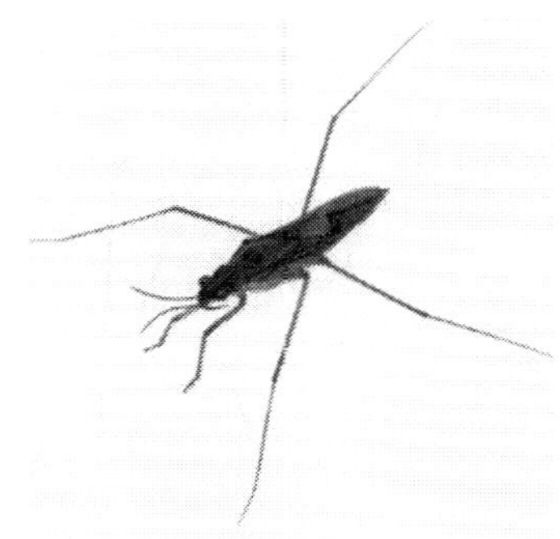

표면장력 = 응집력 >> 부착력

곤충명: 소금쟁이
학명: Gerris paludum Fabricius
몸길이: 11 - 15cm
사는 곳: 한국, 일본, 중국, 시베리아
먹이: 곤충, 죽은 물고기
특징: 표면장력을 이용하여 수면을 떠다니며 곤충을 잡아 먹고 산다.

소금쟁이는 연못, 저수지, 냇가 물 위를 마음대로 스케이트를 타며 잘 논다. 놀다 지치면 가만히 서 있기도 하고 이내 다시 물 위를 돌아다니며 놀고 있다. 저들은 어떻게 물 위를 돌아다닐 수 있을까? 몸이 가벼워서일까? 아니면 특별한 비법이라도 있는 걸까? 소금쟁이를 자세히 관찰하여 보면 다리 끝에 잔털이 나 있고 그사이로 기름기가 묻어 있어서 물에 잘 뜰 수가 있는 것이다. 즉, 물과 기름 사이의 표면장력 때문이다.

표면장력이란 이른 아침 이슬방울이 풀잎에 동글동글 맺게 하는 힘을 말한다. 물분자는 H_2O, 수소 2개와 산소 1개로 되어 있다. 이들 사이에 이루는 각이 다르고 한쪽의 힘의 영향이 커서 자석과 같이 당기는 힘, 응집력이 작용한다. 이때 물 분자는 공기가 당기는 힘, 부착력도 함께 받는다. 그런데 응집력이 부착력보다 훨씬 크게 되는 것이다. 이를 표면장력이라 부른다.

그러면 사람도 소금쟁이처럼 물위를 걸을 수 있을까? 미국 하버드 대학교 제임스 글래신 교수팀은 물 위를 걸어 다니는 바실리스크 도마뱀을 연구를 하였다. 바실리스크 도마뱀은 이구아나 일종으로 아메리카 열대지방에 산다. 크기는 꼬리를 포함하여 약 90m가량이고 황갈색 또는 녹색을 하고 수명이 약 5년에서 10년 정도로 곤충이나 새, 작은 포유류를 먹고사는 동물이다.

그는 컴퓨터 시뮬레이션으로 도마뱀이 물을 걷는 모습을 자세히 관찰하였는데 도마뱀이 물위를 걷기 위해서는 먼저 뒷발을 강하게 내딛고 이때 생기는 반발력이 걷는 데 필요한 에너지의 23%가 된다는 사실을 알았다. 또한 나머지 에너지는 다섯 발가락을 덮고 있는 비늘이 물과 접촉할 때 생기는 표면장력을 이용하는데 그러기 위해 적어도 1초에 20번 이상 발자국을 옮긴다. 만약 80kg의 체중을 가진 사람이 도마뱀처럼 물 위를 걸으려면 시속 108㎞(초당 30m)로 달려야 하는 셈인데 100m를 10초에 주파하는 육상선수의 경우 1초에 10m를 달리기 때문에 지금보다 3배 이상 빨리 달릴 수 있는 근력이 되어야 한다.

아래 사진은 바실리스크 도마뱀이 물 위를 걸어가는 모습이고 우측 사진은 수영 선수 얼굴이 물속에서 나오는 찰라 표면장력에 의해 물이 얼굴에 붙어 있는 모습이다. 그리고 표에서 몇 가지 액체들의 표면장력 값이다.

수영선수와 물의 표면장력

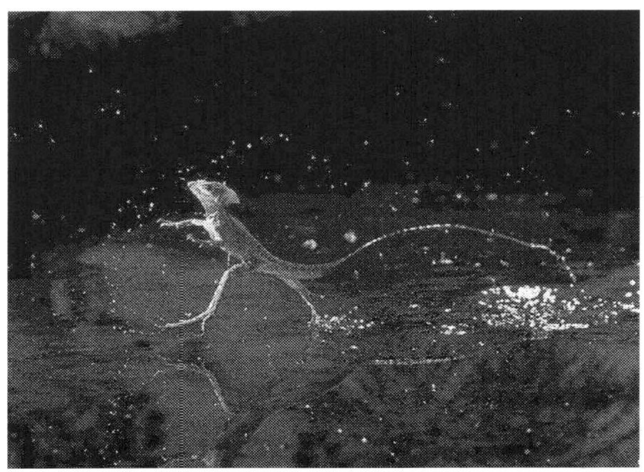

바실리스크 도마뱀

<표 8> 몇 가지 액체의 표면장력

(단위, dyne/㎝)

물	에탄올	수은	아세톤	사염화탄소
72.75	22.3	479.5	27.6	26.8

타이타닉과 빙산

1911년 제작된 타이타닉은 톤수 46,328t, 길이 259.08m, 넓이 28.19m, 깊이 19.66m로 승객 2,208명을 탈 수 있는 배이다. 당시 만든 유람선으로서 이보다 더 좋은 배는 없었다. 그리고 배는 영국 사우스 햄프턴 항에서 누욕 항을 향하여 처녀 출항을 한다. 그날이 1912년 4월 14일 밤 11시 40분, 그러나 뉴펀들랜드 해역에서 출항한 지 2시간 40분 만에 빙산과 충돌, 그만 침몰하여 총 1,513명의 희생자를 내고 말았다. 이처럼 많은 희생자를 낸 적이 없었다.

성경에 나타난 노아의 방주는 길이가 135m, 폭은 22.5m, 높이 13.5m, 부피가 총 43,200m^{3}이다. 이 배 한 량에 240마리의

타이타닉

양을 실을 수 있는데 총 화차의 양이 522량으로 요즈음 축구장보다 길이는 약간 길고 폭이 좁은 공간에서 3층으로 되어 있다. 방주는 지금의 바지선 형태라고 보면 될 것이다. 그런데 이 배는 안정성 면에서 길이와 폭의 비가 6:1로 황금비율을 이루고 있다. 그래서 미국의 저명한 조선 건축가 디키는 미국 전함 U.S.S. 오리건 호를 설계할 때 이 노아의 방주를 벤치마킹하였다고 한다. U.S.S 오리건 호는 지금까지 건조한 군함 가운데 가장 건조한 것으로 평가받고 있다. 이와 같이 노아방주가 안정성과 효율성을 가질 수 있었던 것은 어찌된 것일까?

타이타닉이 침몰한 직접원인은 빙산이다. 하지만 미국의 금속학자 T. Foecke에 의해 밝혀진 바로는 선체 동판접합에 사용된 'Rivet' 부품이 원인이었다고 한다. 이 부품이 빙산과 접촉되었을 때 파손되었고, 이처럼 큰 사고의 원인이 된 것이다. 부력이란 쉽게 말하면 물에 뜨려는 힘이다. 그리고 빙산은 물과 얼음의 부피 차이 즉, 밀도 차이로 생기는 것이다. 고체인 얼음과 액체인 물이 밀도의 역전으로 인하여 약 얼음의 1/11

이 물 위로 솟아오르는 것을 말한다. 몸의 70% 가량이 물로 된 사람도 물속에 가만히 있으면 1/5이 물 위로 떠오르게 된다고 한다. 5%는 사람의 코 바로 윗부분, 그래서 사람이 물속에 가만히 누워 있으면 '코가 물에 잠겨 죽고 만다.'는 것이다. 우리 사람이 해야 할 부분 코가 물 밖으로 튀어 나오게 해야 하는 것이다. 마치 빙산의 일각처럼 말이다.

부력의 크기는 유체 속에 있는 물체의 부피와 같은 부피를 가진 유체의 무게와 같으며, 아르키메데스가 발견했기 때문에 여기에 관계된 원리를 아르키메데스의 원리라고도 한다. 부력의 작용점은 물체가 밀어낸 부분에 유체가 있다고 가정했을 때의 무게중심과 일치하게 된다. 이 작용점을 부력중심이라 하며, 부체가 기울어져 있을 경우의 복원력을 결정하는 중요한 요소이다. 철로 만든 배가 뜨는 이유는 물에 잠기는 부피를 크게 설계하였기에 배의 무게보다 더 큰 부력을 만들기 때문이다.

비행기와 베르누이

베르누이 정리는 1738년 유체의 속도와 압력의 관계를 나타낸 법칙이다. 굵기가 다른 유리관 속의 물의 수면 높이를 관찰했을 때, 굵은 쪽 유리관의 물기둥은 높이가 낮아지고, 가는 쪽 유리관의 물기둥은 높이가 높아지는 현상을 볼 수 있다. 이것은 유체가 좁은 통로를 흐를 때 속력이 증가하고 넓은 통로를 흐를 때는 속력이 감소하기 때문이다. 또한 유체의 속력이 증가하면 압력이 낮아지고, 반대로 감소하면 압력이 높아지는데, 이것을 베르누이 정리라 한다.

　그 예로써 축구공은 한가운데
를 차지 않고 측면을 차면 공은
회전하면서 휘어져 날아간다. 날
아가는 공을 바로 위에서 볼 때,
공이 시계 반대방향으로 회전하
고 있으면 축구공의 오른쪽은 앞
으로 나아가는 방향으로 회전하
고, 왼쪽은 공이 나아가는 방향과
반대쪽으로 회전합니다. 이것은

비행기의 비행

공을 지나는 공기의 흐름 속도가 다르기 때문에 나타나는 바나나킥이다.
이 공의 왼쪽 유체 흐름이 오른쪽보다 빠르므로 베르누이 정리에 따라
왼쪽의 압력이 오른쪽 보다 작아진다. 따라서 상대적으로 큰 오른쪽의
압력이 축구공을 밀게 돼 공은 왼쪽으로 휘면서 날아가게 되는 것이다.
　또한 야구에서 투수가 던지는 커브볼도 축구공과 마찬가지 원리이다.
공이 휘는 정도는 공의 회전속도에 따라 달라진다. 달리고 있는 급행열
차가 옆에 서 있다 보면 기차 옆으로 끌려들어가는 느낌을 받은 적이
있을 것이다. 이것은 열차가 지나갈 때 공기도 함께 움직이면서 공기의
압력이 크게 낮아지므로 열차 쪽으로 끌려가는 힘이 생기기 때문이다.

$$p + \rho g y + \frac{1}{2}\rho v^2 = (\text{일정})\quad \text{where,}\ p = \text{압력},\ g = \text{중력가속도}$$

뉴턴의 사과

　얼마 전 영국의 그리니치 천문대는 세계 1,000명을 대상으로 설문 조사하여 최근 100년 동안 세계를 변화시킨 100명의 인물을 조사 발표한 바 있다. 그 가운데 1위에서 10위까지를 보면, 1위 구텐베르크, 2위 뉴턴, 3위 루터, 4위 다윈, 5위 셰익스피어, 6위 콜럼버스, 7위 칼 마르크스, 8위 아인슈타인, 9위 갈릴레이, 10위 코페르니쿠스였다. 1위를 차지한 구텐베르크는 세계 최초로 금속 활자를 만든 사람이다. 다시 말해서 우리 인류에게 문자로 서로 소통하게 한 책, 그 가운데서 성경책을 인쇄할 수 있게 했다는 데서 높은 점수를 받았다. 다음으로 2위를 차지한 사람이 뉴턴이다. 그는 과학자로서 많은 다른 업적이 있지만 만유인력을 발견한 것이 가장 큰 업적이라 할 것이다.

　사과는 왜 땅으로 떨어지는가? 어느 날 뉴턴은 방학을 맞이하여 친구와 함께 사과나무 밑에서 쉬고 있었다. 그때 사과 한 개가 땅으로 떨어졌다. 뉴턴은 이것을 보는 순간 놀랐고 큰 충격에 빠졌다. '사과는 왜 땅으로 떨어지는가?' 그날따라 땅에 떨어지는 사과가 신기하고 특별하게 느껴졌던 것이다. 그렇게 뉴턴은 만유

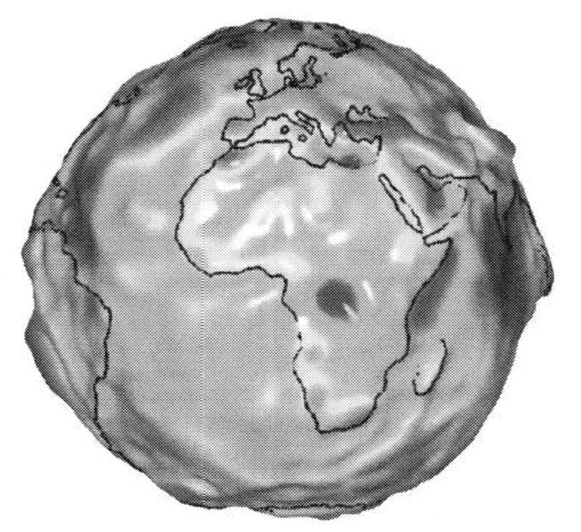

NASA가 그린 중력지도

인력의 위대한 법칙을 발견하였다.

중력은 만유인력과 원심력이 합한 힘이다. 지구가 자전을 하지 않는다면, 중력과 만유인력은 같다. 원심력의 영향이 가장 큰 적도와 가장 작은 극지방에서 중력의 크기가 차이가 나는 것은 이 때문이다. 최근 NASA는 정밀한 인공위성 2개를 띄워 울퉁불퉁한 감자 모양의 정밀한 중력지도를 만들었다고 한다.

그런데 우리는 평상시 중력을 잘 느끼지 못한다. 그러나 지구보다 중력이 2.5배나 큰 목성과 지구보다 1/6 작은 달에서는 심각한 상황에 처하게 된다. 중력이 큰 목성에서는 모세혈관이 터지거나 호흡이 거칠어지고 중력이 작은 달에서는 숨을 쉴 수가 없기 때문이다. 만일 지구의 중력이 지금보다 4배로 커지면 하늘이 회색으로 보이고, 4.7배가 되면 뇌에 피가 공급되지 않아 하늘이 까맣게 보이며, 5.4배가 되면 의식을 잃게 된다고 한다. 반대로 중력이 2.2배로 작아지면 하늘은 빨갛게 보이게 된다는 것이다. 지금의 지구 중력이 사람들이 생활하기에 얼마나 적합한지 모른다.

쓰나미 지진

쓰나미의 원인은 '첫째로 해저 단층대를 따라 해수가 급격하게 이동할 때 형성되는 긴 파장의 천해파이다. 둘째, 깊이 80㎞ 이하의 진원을 갖는 진도 6.3이상의 지진과 함께 일어난다. 셋째, 해저에서 화산 폭발, 단층 운동 같은 급격한 지각 변동, 빙하의 붕괴, 해저에서의 사태에 의

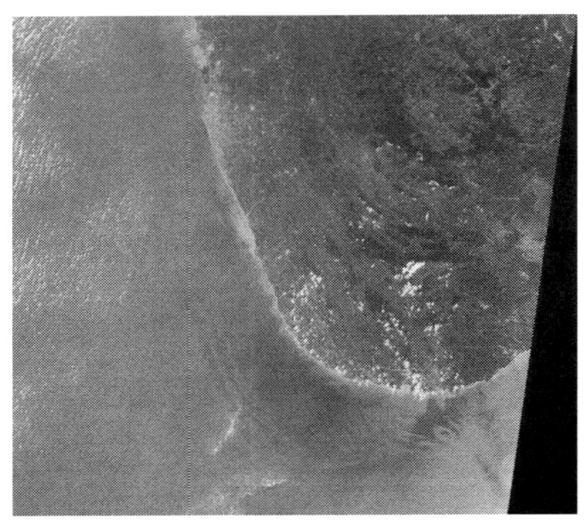

NASA가 찍은 쓰나미

한 토사 함몰, 핵폭발 등에 의해서도 발생한다.'라고 한다.

2004년 12월 26일 오전 7시(한국시각 오전 9시) 인도네시아 수마트라 근처 해저에서 강진이 발생했다. 뒤따라 일어난 큰 해일(쓰나미)로 15만 명의 사망자가 발생했다. 최대 피해지인 인도네시아 '아체'에서는 최대 40만 명 사망설이 제기되었다. 리히터 규모 9.0을 기록한 이 지진은 고베 대지진의 1600배에 해당하는 규모였으며, 히로시마 원자폭탄 266만 개의 위력이었다. 미국 지질조사국(USGS)은 1964년 알래스카 지진(리히터 규모 9.2) 이래 40년 만의 최대 지진이라고 전하고, 일본 기상청은 이 지진의 지진파가 지구를 세 바퀴 이상 돌만큼 강력한 것이었다고 발표하기도 하였다.

그런데 이러한 막대한 피해 속에서도 야생동물 시체는 전혀 발견할 수 없었다. 그리고 인도네시아를 비롯한 주변국에는 원시 부족들이 많은데 그들은 문명과 거리가 멀게 사는 사람들이다. 그런데 그들에게 인명 피해가 전혀 없었다. 그렇다면 지식과 문명, 과학은 무엇을 말하고 있는가?

인간 복제

　자연 상태에서 난자와 정자가 만나 수정한 뒤 자궁에 착상해야 태아가 되거나 동물이 태어난다. 그러나 황우석 교수가 인간 배아를 복제해 줄기세포를 만든 것은 발상부터 다르다. 정자 대신 사람 배꼽 주변의 살점에서 낱개 세포를 분리해 난자에 넣어 키워 만든 것이다. 이를 체세포 배아복제라고 한다.

　1997년 동물을 복제한 영국 로슬린 연구소의 이언 윌머트 박사가 처음으로 성공한 방식이다. 윌머트 박사는 그 당시에는 상식으로 받아들여지지 않는 양을 복제 한동안 과학자들로부터 의심을 사기도 하였다. 개나리 등 상당수의 식물은 가지를 꺾어 땅에 꽂으면 뿌리를 내리며 자란다. 유전자며 모양까지 모두 같은 식물 하나가 완전히 복제되는 것이다. 그러나 동물은 그런 복제가 불가능한 것으로 여겨져 왔다. 사람의 살을 떼어다 놓으면 섞어버릴 뿐이었다.

　체세포 배아 복제를 하기 위해서는 난자의 핵을 빼내야 한다. 여성의 유전자 절반을 담고 있는 핵을 빼내지 않으면 복제의 의미가 없기 때문이다. 그러지 않으면 복제하려는 동물이나 줄기세포의 유전자에 난자의 유전자가 섞인다. 그런 다음 핵이 제거된 난자에 살점에서 분리한 세포 하나를 집어넣는다. 피부며 머리, 신경 등 몸을 구성하고 있는 세포 하나하나는 그 사람이나 동물의 유전자를 완벽하게 담고 있다. 이 때문에 몸 세포가 들어간 난자에는 복제하려는 세포의 유전자가 고스란히 담겨 있다. 즉 황우석 교수가 복제한 배아줄기세포의 경우 몸에서 세포를 떼

어준 사람의 유전자가 모두 들어 있는 것이다. 만약 정자나 난자 등 번식과 관련된 생식세포를 줬다면 그 세포 안에는 그 사람의 유전자가 절반밖에 들어 있지 않다. 또 원천적으로 복제도 되지 않는다. 문제는 몸세포가 들어간 난자를 그대로 놔두거나 자궁에 넣어도 저절로 자라지는 않는다는 점이다. 난자에 정자가 수정되면 세포가 늘어나는 분열과정이 시작되도록 하는 신호가 전달되지만 몸에서 떼어낸 세포는 그런 기능이 없다. 이 때문에 난자에 전기 충격을 준다. 무려 약 1500V를 수백만 분의 1초 동안 순간적으로 가한다. 전기 충격은 난자와 피부세포가 마치 하나처럼 합쳐지게 한다. 난자의 세포막과 피부 세포의 막이 순간적으로 터져 융합되는 것이다. 또한 이 전기 충격은 피부 세포가 마치 정자처럼 난자에게 분열하도록 신호를 주는 효과가 있다. 이때부터 하나였던 난자는 2개→4개→8개→16개 등으로 분열한다. 난자의 세포가 늘어나는 것이다. 128개 정도까지 난자 세포가 늘어나는 단계를 배반포기라고 한다. 이렇게 되는 기간은 소는 7일 정도 걸린다. 사람도 거의 비슷하다. 배반포기까지는 영양분을 시험관에 넣어 주며 키운다.

배반포기까지가 시험관에서 키울 수 있는 한계라는 게 연구자들의 말이다. 인공적으로 자궁과 같은 환경을 만들어 주기 어렵기 때문이다. 황우석 교수는 이 과정에서 줄기세포를 추출한 것이다. 동물의 경우 배반포기를 대리모 자궁에 착상해 성체로 커가게 하여 복제돼지나 복제소 등을 탄생시켰다. 그러나 여기서 연구를 멈출 것 같지는 않다. 인간복제의 길로 이미 들어섰는지도 모른다.

그렇다면 인간복제 무엇이 문제인가? 아마 인간복제가 실현되었을 때 여러 가지 혼란스런 사태가 발생할 것이다. 첫째, 윤리적인 문제다. 인간 복제가 인간의 존엄성을 훼손할 것이라는 우려가 있다. 인간의 존엄성이 생명과 인격은 절대적으로 고유하며 전 우주에서 유일한 것이라는 사실에 기반을 둔다고 한다면 인간 복제의 가능성은 이를 근본에서부터 뒤흔드는 것이기 때문이다. 둘째, 사회적인 문제이다. 인간복제가 가능해진다면 현재 인류 사회의 근간을 이루는 결혼과 가족 제도가 심각한 위기를 맞을 것이다. 친족관계가 혼란에 빠질 것은 물론이고 반드시 결혼을 하거나 남녀가 결합하지 않아도 아기를 가질 수 있기 때문에 다양한

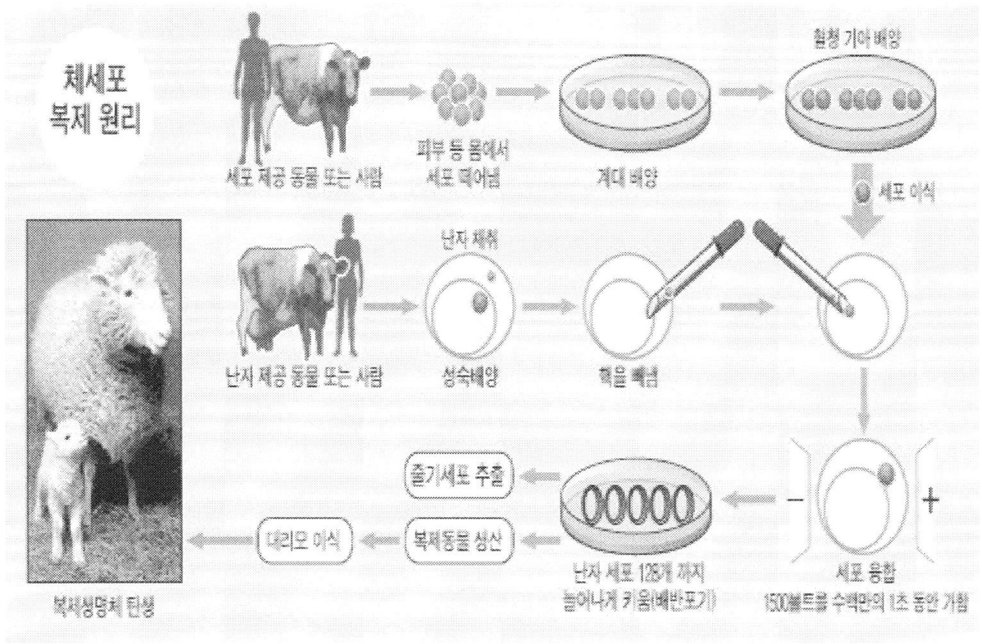

체세포의 원리

형태의 가족이 등장하게 될 것이며 독신자나 동성애자 커플들도 부모가 될 수 있을 것이기 때문이다. 셋째는 법률적인 문제다. 현행 법률상의 가장 큰 문제는 혈연과 가족 공동체에 기반을 둔 법리인데 이 경우 모두 혼란에 빠진다는 것이다. 우선 복제된 인간의 법률적 지위를 어떻게 볼 것인가의 문제가 있다. 넷째, 종교적인 문제다. 창조주가 인간을 창조하였으며 인간의 생명을 관장하고 있다고 믿는 기독교에서는 생명은 창조주의 고유 영역이라는 교리에 의거하여 인간 생명을 인위적으로 조작하는 행위를 신에 대한 모욕이자 도전이라고 보고 있다. 불교계의 경우 생명복제가 우주의 섭리인 '다르마'를 파괴하는 행위로 생태계 파괴를 비롯한 엄청난 후유증을 낳을 것이라 생각한다.

생각해보기

1. 놀이공원에서 자이로드롭이 자유낙하하지 않는 이유는 무엇인가?

2. 바나나 킥, 야구공의 커브 볼은 왜 한쪽 방향으로 휠까?

3. 전자레인지가 뜨거워지는 것은 무슨 이유 때문인가?

4. 영화 속에서 본 잘못 표현된 과학현상을 하나만 들어보자.

5. 생활 속에서 발견한 과학현상으로 무엇이 있는지 설명해 보자.

제10장

환경과 미래

환경 문제

나비효과(Butterfly Effect)가 있다. 나비의 단순한 날갯짓이 날씨를 변화시킨다는 이론으로 미국의 기상학자 에드워드 N. 로렌츠가 처음으로 발표한 이론이지만 나중에 카오스 이론으로 발전하는 계기가 되었다. '브라질에 있는 나비의 날갯짓이 미국 텍사스에 토네이도를 발생시킬 수도 있고, 중국 양쯔 강 강변을 나는 나비 한 마리의 날갯짓이 지구 반대편에 있는 뉴욕시에 폭풍우를 몰아치게 할 수도 있다.' 이처럼 미세한 오용이나 남용이 엄청난 재앙을 가져온다는 나비효과는 처음과학이론에서 발전했으나 점차 경제학과 일반 사회학 등에서도 광범위하게 쓰이게 되었다.

올해 우리 환경시계는 9시 33분을 가리키고 있다 한다. 환경시계란 12시간으로 환경의 상태를 구분하여 0–3시는 안정한 상태, 3–6시는 약간 불안한 상태, 6–9시는 꽤 불안한 상태, 그리고 9시부터 12시까지는 매우 불안한 상태를 나타낸다. 이는 1992년 첫 조사 때 7시 49분으로 시작하였는데 12시가 되면 사람이 살 수 없는 환경을 의미한다. 그런데 환경재단은 전 세계 환경오염에 따른 위기 정도를 나타내는 '환경위기시계'가 9시 33분을 기록, 매우 불안한 상태라는 것이다. 이것은 지난해보다 2분 빨라진 것으로 1992년 조사가 시작된 이후 가장 위험한 수준이다.

현재 사람은 전기, 자동차, 음식 등 다양한 소비를 하고 인간이 만든 공산품을 이용하면서 공기 중에 탄산가스와 아질산 등의 농도를 높여,

공기와 물 오염도가 심해지고 있다. 그리고 농산물을 생산하는 토양도 오염이 증가하여 숨 쉬는 것도 힘들고 마실 물도 먹을 음식도 오염되어 지구도 더워져서 사람이 죽게 될 것이란 의미이다.

올해 환경위기시계 설문조사에 응답한 전문가들은 한국을 포함한 81개국 732명으로 이들은 환경오염에 따른 지구 위기의 주요 원인으로 지구 온난화 68%로 꼽았으며 물 부족, 식량 문제, 산림 훼손, 사막화, 생물 다양성 문제 등이 그 뒤를 이었다. 지금처럼 지구가 오염이 지속되어 더워지면 100년 정도 지나면 사람은 너무 더워져서 북이나 남쪽으로 이사를 가야 한다. 사람이 좁은 지역으로 몰리면 오염이 더 가중되어 결국 인류는 멸망하게 된다. 그러한 환경에 견딜 수 있는 식물이나 곤충 등만 살 수 있을 것이다.

온난화

차가운 가마솥에 개구리를 넣고 서서히 열을 가열하면 어떻게 될까? 수온의 변화를 알아차리지 못한 개구리는 솥에서 헤엄치다가 익어버리고 말 것이다. 지구온난화는 딱 이런 경우이다. 북극의 빙하가 녹고 온통 지구의 환경변화가 일어나고 있는데 내 삶에는 큰 변화가 오지 않는다. 지구가 점점 더워지고 있다는 사실이 여러 가지 현상으로 자주 보고 되는데도 불구하고 별로 신경 쓰이지 않는다. 하지만 어느 한계점에 이르면 예상 못하는 급격한 상황을 맞이한다. 지구가 겪고 있는 상황이 그러한 상황이 아닌가? UN 사무총장을 지냈던 코피 아난이 이끄는 '세계

인도주의포럼(GHP)'은 "지구 온난화를 막으려는 적절한 대응이 제대로 이뤄지지 않으면 2030년에는 기후변화로 목숨을 잃는 사람이 50만 명까지 늘어날 것"이라고 경고한다. 이산화탄소 배출을 줄이고 녹색에너지를 쓰는 대비책이 나오고 있지만 그리 특별한 대책이 못된다고 말한다. 반면에 매우 독특한 방안도 있다.

미국 우주항공우주국(NASA)의 그래스 래플린 박사는 "지구를 지금보다 태양에서 멀리 떨어지도록 하면 온난화를 막을 수 있다."고 주장한다. 지구에 도달하는 태양 빛의 양을 줄이면 가능하지 않겠느냐는 것이다. 하지만 이런 처방은 지구와 더불어 인류를 단방에 멸망시키기 좋은 방안에 불과하다. 그 가능성도 희박하다. 인류의 과학기술이 그럴 만한 수준에 이르지 못한 것도 문제다. 그렇다면 온난화의 원인과 막을 수 있는 좋은 대책은 무엇이 있을까?

지구 온난화의 원인으로 첫째, 지구 자체가 커다란 사이클에 의해서 빙하기에 접어들었다고 말한다. 과거 빙하연대표를 보면 지구는 이런 변화를 3번 겪었다고 주장한다. 지구 온난화를 비판하는 학자들의 주장에 의한 것으로 저들은 이산화탄소를 흡수하여 지구의 완충 역할을 하는 것이 바로 지구표면의 70%나 차지하는 해양에서 일어나기 때문이다. 생태계 사이클로 탄소 순환처럼, 실제로도 어마어마한 순환이 일어나고 있는 것이다. 둘째로, 태양의 흑점활동의 증가 때문일 거라고 주장한다. 태양활동에 의한 지구 온난화는 아직 근거가 부족하다. 사실이 아닐 가능성이 더 높다는 게 여러 학자들의 설명이다. 셋째는 온실효과와 관련이 있다. 온실효과를 일으키는 대표적인 온실 가스는 이산화탄소, 메탄 등이 있다. 이산화탄소는 자동차나 공장의 매연이 주가 되고 있고 메탄의 경우는 소나 돼지와 같은 포유류의 방구나 트림에 의해서 배출된다. '공장 형 축산산업'이 온실효과를 일으키는 원인이 되고 있어서 우리가 먹는 소나 돼지 육류 소비량을 줄이는 것이 온실효과를 막는 방법이라는 것이다. 그래서 우리가 매일 타고 다니는 차를 줄일게 아니라 육류 소비를 절대적으로 줄일 것을 권고하기도 한다. 그러면 온난화의 현상은 지구에 어떤 영향을 주고 있을까?

지구 온난화의 가장 큰 문제는 극지방의 얼음이 녹아내린다. 이로서 해수면의 기온이 상승하게 된다. 이렇게 해수면 기온이 상승하게 되면 해안도시 국가들이 물속으로 잠기게 되고 어쩌면 수년 안에 지구상에서 사지는 국가들이 생겨날 수도 있다. 또한 해수면 기온상승은 지구환경 재앙을 가져온다. 생태계 파괴, 이상기후 등으로 북극곰이 먹잇감이 점차 사라지고 북극표범은 쉴 자리가 점차 없어지는 사태가 발생하고 있다. 그리고 태양 반사판 역할을 하는 얼음층이 사라지므로 지구 온난화는 급격히 가속되는 악순환이 발생하게 되는 것이다.

오존층파괴

오존층파괴로 인하여 나타나는 현상을 열거해보면,

첫째, 자외선이 급격한 증가하면서 피부암이 발생하는 등 인간의 건강에 영향을 준다.

둘째, 온실효과가 발생 지구의 기온상승을 부추긴다.

셋째, 지구 해수면의 온도가 상승시켜 습도가 증가하여 강수량을 증대시킨다. 불규칙적인 게릴라성 폭우로 많은 피해를 준다. 한편 강수량이 적은 지역에서는 사막화가 진행된다.

넷째, 자외선의 증가로 농작물의 수확을 감소시킨다.

다섯째, 지구 양극지방에 빙하가 녹는다.

환경오염

환경오염은 인간이나 생물의 건강과 생존 위협 물질로서 만성질환을 일으킨다. 중요 질환의 70%가 환경오염에 의해 발생한다고 하니 환경오염은 정말 큰 문제가 아닐 수 없다. 환경오염 종류로 대기오염, 수질오염, 토질오염, 환경호르몬, 소음공해 등이 있다.

대기오염

대기오염 물질은 아주 작은 액체 상태 또는 고체 상태의 떠다니는 부유 물질이며, 이를 먼지라고 한다. 입자 상태의 부유 물질은 먼지, 2.5/㎛ 미만의 입자 미세입자와 2.5/㎛ 이상의 입자 거대입자로 나뉘는데 미세한 입자는 만성질환, 진폐증 등을 일으키거나 식물체의 잎 표면을 먼지가 덮어 동화작용을 저해한다. 또한 공장이나 자동차, 가정의 굴뚝에서 나오는 매연이나 자동차 등에서 배출되는 질소 산화물이나 탄화수소 등에 의한 스모그 형태는 안개, 스모그(smog) 등과 같은 상태로 존재한다. 이러한 입자 상태의 오염 물질은 불완전 연소 과정, 기계적 분쇄 과정, 응축 및 화학적 과정을 통하여 생성된다.

이러한 대기오염의 역사는 인간이 불이라는 에너지를 사용하면서 시작되었다고 할 수 있다. 혈거인의 동굴이나 고대 또는 중세의 건물이 나무를 태운 연기로 그을려 있어 연기에 시달렸음을 알 수 있다. 산업의 발달에 따라 13세기부터 연료가 목재에서 화석연료인 석탄으로 옮겨지고, 석탄의 소비량이 증가함에 따라 영국에서 대기오염이 심각하게 대두되었다. 도시와 같은 인구밀집지역에서 화석연료인 석탄이 난방뿐만 아니라 공장의 동력이나 수송에도 사용되어 석탄의 사용량이 크게 증가하고 그 매연 때문에 고통을 받게 되었다.

수질오염

80년대 이후 빠르게 진행된 공업화, 도시화의 영향으로 산업폐수 발생량이 지난 15년간 4.5배가 증가하고 농약사용량은 지난 20년간 3.5배가 늘어나는 등 오염물질 발생량이 크게 늘고 있다. 오염물질의 급증은 특히 수질오염을 심화시켜 4대 강의 오염도가 이미 기준치를 초과했으며 적조발생 건수와 피해액도 계속 증가하고 있는 것으로 나타났다. 이같은 사실은 통계청이 OECD(경제협력개발기구) 가입을 계기로 우리나라의 각종 환경통계를 「인간 활동-환경영향에 대한 반응」이라는 유엔 및 OECD의 작성체계에 맞춰 최초로 편제한 「한국의 환경통계 평가보고서」에서 밝혀졌다.

보고서에 따르면 총 폐수 발생량은 지난 80년 하루 8백 79만 4천 톤에서 94년에는 2천 2백 6만 8천 톤으로 2.5배 증가했고 이 가운데서도 산업 폐수 발생량은 지난 80년 하루 1백96만 2천 톤에서 95년에는 8백 74만 1천 톤으로 무려 4.5배가 늘어난 것으로 나타났다. 또 폐기물 배출량도 85년 하루 9만 8백 67톤에서 94년에는 14만 7천 49톤으로 1.6배 증가했다.

전문가들은 오는 2001년부터 우리나라가 매우 심각한 물 부족 사태에 직면하게 될 것이라고 경고하고 있다. 우리나라에 내리는 비의 양은 연평균 1,274mm로 세계 평균 750mm보다 훨씬 많지만 이를 인구수로 나누면 국민 1인당 쓸 수 있는 몫은 턱없이 부족하다. 인구과밀로 1인당 강수량은 세계평균의 11분의 1수준에 불과한 형편인 것이다. 그런데도 우리의 물 소비는 '물 쓰듯' 한다. 가정에서 뿐만이 아니라 관리 소홀로 엄청난 물이 땅으로 스며들고 있다.

토양오염

토양오염은 가정에서 배출되는 생활 폐기물, 광공업 활동에서 비롯되는 산업 폐기물, 농경지나 산림 지역에 살포되는 비료나 살충제와 같은 화학 물질, 빗물에 용해되어 내리는 대기오염 물질 등이 있다. 최근 생산과 소비가 증가하고 과학기술의 발달로 말미암아 배출되는 유해물질의 양이 크게 증가하였을 뿐만 아니라, 새로운 종류의 유해 물질이 추가되기 때문에 토양오염이 날로 심화되고 있다. 주로 농약에 의한 오염, 생활하수에 의한 오염 세균, 바이러스 등 각종 병원균이 식물성장에 피해, 산업폐수에 의한 오염, 비료에 의한 오염, 방사성물질에 의한 오염.

산성 우에 의한 오염 등이 그 원인이다.

1) 중금속: 토양에 유입되는 대부분의 물질은 토양의 정화작용으로 분해된다. 그러나 중금속은 토양에 오래 남아 있으며, 식물의 성장을 저해할 뿐만 아니라 생물체에 축적되는 경향이 있다. 중금속으로는 수은, 카드뮴, 구리, 티타늄, 납, 니켈, 아연 등이 있다. 중금속은 광산이나 제련소, 염색공장 및 도자기 공장 등을 통해 토양에 유입된다. 건전지를 머리거나 살충제를 살포하는 과정에서도 중금속 오염이 일어난다. 특히 광산, 발전소, 제련소, 쓰레기 처리장, 공업단지 등의 주변 토양은 국지적으로 심각하게 오염이 진행되고 있다.

2) 농약과 비료: 농약이나 화학 비료는 손쉽게 농업 생산량을 증가 시킨다. 그러나 이들 성분 중에 농작물이 흡수하지 못하는 물질은 토양 중에 잔류하여 토양을 오염시키고, 영양소를 보유하는 능력을 저하시킨다. 우리나라의 토양은 전반적으로 농약이나 비료의 오염도가 낮은 편이었지만 수십 년 동안 농약을 사용해 왔기 때문에 토양오염과 함께 토질의 척박화가 우려되고 있으며, 또 농업용수의 오염과 산성비, 부유 분진 등으로 말미암아 토양 중에 유해물질이 축적되고 있다.

환경호르몬

호르몬이 체내에서 작용하기 위해서는 보통 합성, 방출, 목적장기의 세포로의 수송, 수용체결합, 신호전달, 유전적 발현 활성화 등의 일련의 과정을 거쳐 이루어진다. 내분비계 장애물질은 이러한 과정중의 어느 단계를 저해 또는 교란함으로써 장애를 나타낼 수 있다. 호르몬은 크게 스테로이드호르몬, 단백질호르몬의 두 가지의 그룹으로 나뉘는데 이들의 작용기전은 상이하다. 크기가 작은 스테로이드호르몬은 직접 세포 내로 들어가 수용체와 결합하여 작용을 나타내며, 수용성인 단백질호르몬은 세포막의 수용체와 결합하여 신호를 2차 메신저에 전달함으로써 작용을 나타낸다.

현재 내분비계 장애물질의 작용기전을 밝혀내기 위한 연구가 미국, 일본, 유럽 등 각국에서 수행되고 있는데, 지금까지 알려진 수용체 결합과정에서의 내분비계 장애물질의 작용은 호르몬 유사(mimics), 호르몬 봉쇄(blocking), 촉발(trigger)작용 등으로 나뉠 수 있다. 호르몬 유사작용이란 호르몬 수용체와 결합하여 내분비계 장애물질이 마치 정상호르몬과 유사하게 작용하는 것으로서 대표적인 예가 합성 에스트로겐인 DES(diethylstilbestrol)이다. 이러한 유사물질은 정상호르몬보다 강하거나 약한 신호를 전달함으로써 내분비계의 교란작용을 유발할 수 있다.

호르몬 봉쇄작용이란 호르몬 수용체 결합부위를 봉쇄함으로써 정상호르몬이 수용 체에 접근하는 것을 막아 내분비계가 기능을 발휘하지 못하도록 하는 것이다. 대표적인 예로 DDE(DDT의 분해산물)의 경우 정소의 안드로겐 호르몬의 기능을 봉쇄하는 것으로 보고되고 있다.

촉발작용은 내분비계 장애물질이 수용 체와 반응함으로써 정상적인 호르몬작용에서는 나타나지 않는 생체 내에 해로운 엉뚱한 대사 작용을 유발하는 것이다. 이러한 영향으로는 암과 같은 비정상적 생장, 대사 작용의 이상, 불필요하거나 해로운 물질의 합성 등을 들 수 있다. 다이옥

신 또는 다이옥신 유사물질 등은 이와 같은 작용기전으로 영향을 나타
낼 수 있는 것으로 보고되고 있다.

아토피를 피하려면

아토피 환자들은 염소나 오염된 물, 오염된 공기, 체질에 적합하지 않
은 음식, 계절에 따른 기후 변화, 정신적인 긴장이나 스트레스, 진드기나
화분 등의 알러젠 등에 민감하게 반응하는 것은 사실이나 이것은 이미
스테로이드에 의해 중독 된 상태에서 나타나는 이차적인 문제인 것이다.
아토피 환자들에게 국한된, 또는 아토피의 원인설정으로 한정되는 문제
가 아니라 모든 인간에게 공통적으로 나타나는 문제로 파악해야 하는
것이다. 사람은 누구나 깨끗한 공기와 물과 음식을 먹어야 하는 것이다.
이것이 잘못되어 나타나는 환경적인 질환은 아토피에 국한 되는 것이
아니라는 것이다. 아토피의 궁극적인 원인은 스테로이드 중독이다. 스테
로이드에 의해 중독되지 않았다면 환경오염이나 음식, 진드기, 정신적
긴장감 등에 의해 과민하고 독특한 아토피의 피부반응이 나타나지 않는
다는 것을 명심하는 것이 좋을 것이다.

한 권의 책: 과자, 내 아이를 해치는 달콤한 유혹(안병수)

정제당과 나쁜 지방, 식품첨가물이 첨가되어 생활습관병을 부르는 가
공식품에 대해 파헤치고 있는 책. 영양가는 없으면서 적은 양으로도 공
복감이 해소되는 식품인 정크 푸드가 하나같이 당 지수가 높으면서 각

종 첨가물이 무차별 사용된 식품이라는 점을 비롯해, 설탕을 마약으로 치부하는 충격적인 내용들이 고스란히 담겨 있다. 우리가 흔히 먹는 초코파이를 비롯하여, 아이스크림, 각종 햄과 소시지, 껌, 청량음료 등에 대한 해부와 함께, '아메리칸 사료'라고 표현한 패스트푸드의 위험성을 방대한 자료와 연구 결과를 바탕으로 논리적으로 설명해준다.

GMO

GMO는 '유전자변형식품'(Genetically modified organism) 즉, 유전적으로 조작된 유기물로 식물의 유전자를 조작해서 형질의 변화를 일으켜 보다 많은 수확량과 병충해에 대해서 내성을 기른 식물을 말한다. 물론 수확량 증산과 병충해에 강한 종자를 만들기 위해 육종법이라는 것을 활용하기는 했지만 이는 잡종교배를 통해서 우성유전자의 발현을 이끌어내는 반면 GMO는 별도의 잡종교배를 하지 않고 아예 유전자를 조작함으로써 결과를 이끌어낸 것을 말한다.

70년대 중반 생명공학 기술이 꽃피우기 시작하면서 80년대에 들어 식품에도 이 기술이 도입됐다. 95년 미국의 몬샌토 사가 유전자변형 콩을 처음으로 상품화하는 데 성공했다. 사람들은 이를 인간의 먹는 문제를 해결해줄 제2의 녹색혁명의 시작으로 생각하고 환영했다. 생산자도 소비자도 안전성 논란이 일어날 줄은 생각하지 못했다. 현재까지 GMO는 40여 종 이상이 개발돼 콜라 참치 통조림 피자 과자 등에 광범위하게 사용되고 있다. 미국에서 생산되는 옥수수의 33%, 콩의 50%, 면화의

50% 가량이 GMO이다. 이들 중 가장 많이 유통되는 품목은 콩과 옥수수로 우리나라에서는 수입량의 대부분을 미국으로부터 들여오는데 콩은 우리의 주식일 뿐 아니라 각종 가공 식품의 주원료들로서, 장류, 두부, 콩나물, 식용유, 마가린, 두유, 마요네즈, 마카로니, 소시지 등에 광범위하게 쓰이고 있다. 그리고 옥수수 또한 콘 샐러드를 비롯하여, 콘스낵, 팝콘, 옥수수유, 물엿, 마아가린, 빵, 맥주, 당면, 콜라 등 헤아릴 수 없이 많다. 또한 콩과 옥수수는 가축사료의 대부분으로 사용되므로 동물 체내에 그 독성이 쌓이고, 이는 육류나, 우유, 달걀을 섭취하는 인간의 몸에도 고스란히 축적된다.

GMO의 인체에 미치는 영향에 대한 연구가 진행되었는데 1998년 영국 로웨트 연구소 푸스타이 박사는 유전자변형감자를 먹인 쥐 실험에서, 쥐의 면역체계와 질병 저항력이 크게 떨어지는 것을 확인하였으며 영국 의료연합(BMA)에서는 유전자조작식품의 항생제내성 유전자가 인체 내 항생제 내성을 키움으로써 건강상의 위협이 되고 있음을 확인하였다. 2000년 아벤티스 연구결과에 의하면 GMO옥수수를 먹인 닭들이 보통 옥수수를 먹인 닭들보다 2배나 많이 죽었다. 2002년 미국 몬샌토 사가 실시한 쥐 실험 결과 유전자변형 옥수수를 먹인 쥐들의 콩팥 크기가 그렇지 않은 쥐들에 비해 작았고 혈액 성분 변이가 일어났다는 것이 뒤늦게 밝혀졌다.

또한 생태계에도 많은 영향을 주는 것으로 밝혀졌다. 1999년 미국 애리조나 주립대에서 BT면화에 대해 솜벌레가 내성을 가진다는 연구결과 발표하였고 미국 퍼듀 대학교에서는 GM물고기 한 마리가 40세대 내에 물고기 무리 전체를 절멸시키는 결과를 가져온다는 모의실험결과를 발표했다. 영국에서도 2000년 GMO 작물은 새들의 개체 수에 악영향을 미친다는 연구결과 보고하였다. 2003년 살충성 GMO 농산물이 오히려 해충을 조장한다는 연구결과가 발표, 해충이 그 독소를 식량으로 이용하고 있으며 농작물이 해충을 조절하는 것이 아니라 살아남는데 도움을 주고 있다는 것이다. 2003년 미국 위스콘신 주립대는 GM작물은 쉽게 유전자가 퍼져나가며 야생식물의 생존을 위협한다. GM작물은 위험성을 가지며 야생 개체군을 10 – 20세대 내에 없앨 수 있다고 밝혔다. 미국 USDA는 1997 – 1998년 기간 동안 GMO 콩, 옥수수, 면화를 심었으나 생산량이 늘지도 않았고 농약사용량이 줄지도 않았다고 발표하였으며, GM 작물은 제3세계의 가축을 위협하며, 세계의 기아해결에 도움을 주지 않는다고 연구 결과를 발표하였다.

전자파

전자파는 주파수에 따라 가정용 전원주파수 60Hz, 극저주파(0 ~ 1kHz) 저주파(1k ~ 500kHz), 통신주파(500kHz ~ 300MHz), 마이크로웨이브(300MHz ~ 300GHz) 등으로 분류되고 전자파의 피해는 두통이나 시력저하, 백혈병, 뇌질환, 순환계 이상, 남자의 경우 생식기능의 저항, VDP증후군, 안질환 등이 발생할 가능성이 높다.

전자파는 크게 열작용과 비열작용으로 구분되는데 열작용은 세포조직(뇌세포, 눈의 수정체, 고환 등 생식기)의 온도를 순식간에 비정상적으로 상승시켜 기능을 이상을 일으키거나 파괴하는 현상을 가져온다. 또한 비열작용은 세포내 대사와 이온물질을 이상을 일으켜 종양세포의 억제하는가 하면 멜라토닌 호르몬 분비 이상을 초래하여 암을 발생시키기도 한다. 우리 몸은 신경세포, 호르몬 등은 미세한 전기신호에 의해 조절되는데 강한 전자파에 의해 나트륨, 칼륨 등 세포 간 이온의 흐름을 교란시켜 신체장애를 일으키는 것으로 되어 있다.

예로써 1982년 워스하이머(Wertheimer, 미국) 박사의 연구에 의하면 송전선 밑에 사는 어린이의 경우 소아백혈병 2.98배, 뇌종양 2.4배, 소아암 2.25배가 더 발생하는 것으로 조사되었고, 스웨덴의 경우 전기장 10V/m, 자기장 5mG 정도의 전자파는 뇌암 발생이 5배, 소아백혈병 3.8배 발생하는 것으로 밝혀졌다. 또한 미국 국립방사선 보호위원회에서 보고한 바로 VDT(visual display terminal, 컴퓨터 표시단말기)증후군으로 담근육 뭉침, 이물감 충혈 눈부심, 안구 건조, 인터넷 게임 중독, 우울증, 수면장애 등이 발생하는 것으로 보고되었다. 이를 방지하기 위해 컴퓨터를 사용할 경우 30㎝ 거리를 유지하고 1시간 사용 후 10분 휴식할 것을 권장하고 있다.

미래 문제

21세기는 고도의 산업화된 시대이다. 그에 따른 예고되지 않은 많은 문제가 발생하고 있다. 에너지문제, 물과 에너지 고갈로 인한 안정된 미래를 보장 받지 못하고 있으며, IT 정보화로 인한 부작용 및 저출산 고령화 문제와 같은 새로운 유형의 문제들이 발생하게 되었다. 이러한 문제점들을 살펴보고 그 해결책에 관하여 논하여보도록 한다.

에너지 문제

에너지(energy)와 환경(environment) 문제는 현대 사회의 삶의 질을 결정하는 기본 축으로서 긴밀한 연결 관계를 지니고 있다. 기술문명의 발전과 함께 에너지 사용량은 증가되고 있고 에너지 소비의 증가는 환경오염도를 높이고 있기 때문이다. 즉, 1차 에너지자원인 석유·석탄·가스 고갈에 따라 새로운 에너지 시장, 태양에너지, 풍력, 화학연료의 패러다임을 변화시킬 필요가 있다. 지금까지 인류에 에너지 문제가 누적된 근본 요인은 1) 에너지의 중요성에 따른 기존 시스템과 기술의 변경 지연 2) 에너지 효율보다 에너지 물량확보에 중점을 두는 관행 3) 에너지 기술 시스템의 복합성 4) 민생 복지를 위한 저에너지가격 유지에 있다. 문제의 누적은 화석에너지(석유, 석탄, 가스 등) 사용 증가에 따른 환경공해 등 에너지생산 소비 과정의 부작용 확대, 에너지 기술혁신의 지연으로 인한 고갈성 에너지자원 과다 의존, 에너지 대량 투입형 경제 사회 구조 지속, 인위적 저에너지 가격, 낭비형 에너지 소비 구조 방치를 초해 했으며 이로 인한 인류문명의 지속가능성을 위협하는 처지에 직면해 있다. 따라서 요즈음 녹색에너지 또는 신재생에너지(renewable energy)라는 말이 유행하고 있다.

태양 에너지

태양에너지의 광열 이용분야로 태양열의 흡수, 저장, 열변환 등을 통하여 건물의 냉, 난방 등에 활용되는 기술로서 햇빛을 받으면 광전효과에 의해 전기를 발생하는 태양전지(solar cell) 발전 시스템과 에너지 절감차원에서 백열전구나 형광등 대신 발광다이오드(LED)도 관심의 대상이다.

풍력 에너지

바람의 힘을 회전력으로 전환시켜 발생되는 유도 전기를 전력계통이나 수요자에게 풍력을 이용하여 전기를 공급하는 풍차를 예로 들 수 있다.

화학연료 에너지

연료의 산화에 의해서 생기는 화학에너지를 직접 전기에너지로 변환시키는 전지로서 일종의 발전장치라고 할 수 있으며 가장 전형적인 것으로 수소-산소 연료전지가 있다.

폐기물 에너지

사업장 또는 가정에서 발생되는 가연성 폐기물 중 에너지 함량이 높은 폐기물을 열분해에 의한 오일(Oil), 성형고체연료의 제조기술, 가스화에 의한 가연성 가스 제조기술 및 소각에 의한 열 회수기술 등 산업 생산 활동에 에너지로 이용할 수 있다.

수소 에너지

수소는 무한정인 물 또는 유기물질을 원료로 하여 제조할 수 있으며, 사용 후에 다시 물로 재순환됨에 따라 자원 고갈의 우려가 없기 때문에 화석연료 자원이 빈약한 국가에 적합한 에너지원이다.

지열 에너지

지열이란 지표면의 얕은 곳에서부터 수 km 깊이에 존재하는 뜨거운 물과 돌을 포함하여 땅이 가지고 있는 에너지를 말한다. 태양열의 47% 가 지표면을 통해 지하에 저장되며, 이렇게 태양열을 흡수한 땅속의 온도는 개략 10~20℃ 정도로 이러한 지열 에너지는 건물의 냉난방이나 발전에 이용할 수 있을 것이다.

해양 에너지

조력발전: 바닷물의 조석을 동력원으로 하여 해수면의 상승 하강운동을 이용하여 전기를 생산하는 조력발전 입사하는 파랑 에너지를 터빈 같은 원동기의 구동력으로 변환하여 파랑발전, 해양 표면층의 온수(예: 25~30℃)와 심해 500~1000m 정도의 냉수(예: 5~7℃)의 온도차를 이용하여 온도차 발전 기술을 들 수 있다.

기 타

그 밖에도 태양에너지를 이용한 광합성 과정을 통하여 모든 식물과 미생물이 생성되어 이를 먹고 동물체가 만들어지는 에너지는 자연계 순환 전 과정에서 바이오 에너지(BIO energy)와 소수력발전은 물의 유동을 이용한 시설용량 10,000KW 이하의 소규모 수력으로 발전하는 소수력(小水力)발전은 농업용 저수지, 농업용 보, 하수처리장, 정수장, 다목적 댐의 용수로 등에도 적용할 수 있다.

태양 에너지

풍력 에너지

수소 에너지

조력 에너지

물 부족 문제

국제연합 국제인구행동연구소(PAI)에서 전 세계 국가를 대상으로 평가해 물이 부족하다고 분류한 나라로 평가해 물이 부족하다고 분류한 일군의 나라를 말한다. 이 연구소의 분석에 따르면 연간 물 사용 가능량이 1,000㎥ 미만은 물 기근 국가, 1,000~1,700㎥는 물 부족 국가, 1,700㎥ 이상은 물 풍요 국가로 분류 된다. 이 연구소의 분석 자료에 따르면, 한국의 경우 1993년 1인당 물 사용 가능량이 1,470㎥로 물 부족 국가에 해당하고, 2000년 사용 가능량도 1,488㎥로 역시 물 부족 국가에 해당하는 한편, 2025년에는 많게는 1,327㎥, 적게는 1,199㎥가 될 것으로 분석되는 등 갈수록 물 사정이 어려워질 것이라고 전망했다.

특히 한국은 연간 강수량이 세계 평균인 973㎜보다 많은 1,283㎜이지만, 국토의 70% 정도가 급경사의 산지로 이루어져 있고, 강수량의 대부분이 여름철에 집중적으로 내림으로써 많은 양이 바다로 흘러가는 한편, 높은 인구밀도로 인해 1인당 강수량은 세계 평균의 12%에 지나지 않는 것으로 나타났다.

물 부족 국가의 종류는

국가별로는 지부티·쿠웨이트·몰타·바레인·바베이도스·싱가포르 등 19개국이 물 기근 국가로, 한국 외에 리비아·모로코·이집트·오만·키프로스·남아프리카공화국·폴란드·벨기에·아이티 등이 물 부족 국가로, 미국·영국·일본 등 119개국이 물 풍요 국가로 분류되었다.

개인 물 사용량 국가별 분류

1) 물 기근 국가군: 지부티·쿠웨이트·몰타·카타르·바레인·싱가
   포르·이스라엘·사우디아라비아·아랍에미리트연방·요르단·예
   멘·튀니지·카포베르데·케냐·부룬디·알제리·르완다·말라
   위·소말리아

2) 물 부족 국가군: 리비아·모로코·이집트·오만·키프로스·남아
   프리카공화국·한국·폴란드

3) 물 풍요 국가군: 벨기에 외 120개국

물부족 국가로 분류된 한국!!

ㅇ UN 산하기구인 국제 인구행동 연구소(PAI)의 발표에 따르면 한국
의 활용가능한 수자원량은 630억㎥으로서 이를 국민 1인당 활용 가능량
으로 환산할 경우, 1955년 2,940㎥에서 1990년 1,452㎥로 줄어들어 물
부족국가로 분류되어 있으며 향후 물 기근국가군으로 전락할 위기에 놓
여 있다.

ㅇ 진해시의 경우도 수자원을 낙동강 및 보조수원 등 외부에 의존하
고 있으며 강수량의 대부분이 빠른 시간 내에 바다로 유입되기 때문에
수자원 확보에 어려움이 있으며 향후 물 부족이 예상된다.

- 낙동강수계의 장기 수자원 수급예측은 우리나라 연간 용수공급 전
  망과 같이 2006년부터 용수부족이 발생하고 2011년에는 연간 10억
  톤 이상의 용수부족 사태를 예측하고 있다.

－ 낙동강 수계의 연 강수량은 1,137㎜으로 우리나라 전체 연 강수량
에 비해 적은 양을 보이고 있다.

저출산 고령화

저출산 고령화는 심각한 사회문제가 되고 있다. 지난해 우리나라 여성
의 출산율이 1명에 근접할 정도로 떨어졌다. 이는 전년의 1.16명에 비추
어 무려 0.08명이나 줄어든 숫자다. 세계 평균인 2.6명과 선진국 평균인
1.57명에 비해 크게 못 미치는 수치다. 지난 8일 통계청이 발표한 '2005
년 출생통계 잠정결과'를 보면, 지난해 여성 1명이 15~49살의 가임기간
에 낳을 것으로 예상되는 평균 출생아 수인 합계 출산율은 1.08명으로
세계에서 출산율이 가장 낮은 홍콩의 0.95명에 근접한 수준이다. 이 상
태가 계속되면 우리나라는 2년 안에 출산율이 1명 아래로 떨어질 것이
라는 전망이다. 지난해 우리나라의 신생아 출생 수는 43만 8천 명으로
전년의 47만 6천 명보다 7.9% 줄어 역시 사상 최저를 기록했다. 특히
20대 후반에서 30대 초반의 어머니 연령대 인구가 70~80년대의 산아제
한시기와 맞물리면서 계속 줄어들고 있다. 저출산 고령화 문제는 우리사
회가 맞닥뜨린 가장 큰 위험 중 하나이다.

저출산 문제

2006년 집계 우리나라의 합계출산율은 1.08명으로 OECD국가 중에서

는 물론이고 세계적으로도 출산율이 가장 낮은 10개국 중 하나이다. 특히 1990년대 초반까지 상승하던 합계출산율은 1992년 이후 하락세를 지속해 왔으며, 2001－2002년에 대폭 하락을 하였다. 이러한 상황이 계속되면서 출산율에 대한 특단의 대책이 없는 한 한국의 인구는 2020년 4,995만 6천 명을 정점으로 감소하기 시작할 것이며 2017년부터 노령인구 비중이 유년 인구 비중을 추월할 것이다. 그리고 현재 5% 수준인 GDP 잠재성장률이 2020년에 3.6%, 2030년에 2.3%수준으로 낮아질 것으로 전망된다(KDI보고서). 이러한 저출산은 장기적으로 노동공급의 감소, 연금부담의 증가로 인한 재정악화, 젊은 세대의 부담 증가 등 사회 전체에 부작용을 초래할 것이다.

그러나 우리나라는 1970년대 이후 지속된 산아제한 정책 기조를 1996년까지 지속하는 등 저출산 문제 해결을 위한 제도정비에 무관심하였으며, 2002년에 들어서야 출산장려를 위한 제도적 기반을 조성 중이다. 특히, 문제시 되는 부분은 저출산의 근본 원인에 대한 정확한 진단을 하지 않을 경우 정책의 실효성은 별로 없이 재정 부담만 가중된다는 것이다. 예컨대, 1980년대 후반 일본은 보조금지급, 보육시설 확대 등 다양한 대책을 시행하였으나, 적절한 원인분석과 정책의 집중력 부재로 출산율 제고에 실패를 하였다. 이에 우리는 저출산의 근본 원인을 분석하고 이를 근거로 하여 저출산 시대를 대처하기 위한 방안을 도출할 필요성이 있다.

저출산 현상은 경제, 사회, 문화적 특성을 반영하여 복합적인 요인에 의해 결정된다. 이는 미래소득의 불안정성에 기인하는 소득요인, 자녀편익과 비용에 근거한 자녀요인, Lifestyle의 변화에 따른 가치관 요인, 양성불평등에 위시한 사회 및 직장 요인으로 분류된다. 우리는 이 요인들을 현재의 우리 상황 하에서 분석할 필요가 있을 것이다.

첫째, 미래의 경제적 불안의 증가에 의한 소득요인이 저출산을 유발시킨다. 외환위기 이후, 평생직장의 개념이 붕괴되고, 노동시장 불안정성이 증가되면서 미래소득에 대한 불안감이 가중되고 있는 게 현 실정이다. 또한 급속히 진행된 고령화에도 불구하고 재취업이나 전직 등을 지원하는 사회 인프라는 취약한 실정이다. 이런 상황 하에서 경제적 문제로 인한 이혼 사유가 급증하여 가족의 해체를 촉진하고 이것들이 결국 출산율 저하로 귀결된다.

둘째, 양육비용 증가 및 편익 감소에 근거한 자녀요인이 저출산을 유발시킨다. 현재 우리나라에서는 자녀교육비에 대한 부담이 꾸준히 증가하고 있으며 이와 함께 주택가격의 급등으로 인해 출산이나 자녀 수 증가에 따른 집의 규모를 늘리는 것 역시 큰 부담으로 작용되고 있다. 이러한 양육비용이 증가하는 반면에 노후 부양 등 자녀에게 얻을 수 있는 혜택에 대한 기대는 감소하고 있다. 예컨대, 서울시가 2005년 10월 설문조사결과, 서울 거주 여성 500명(25~39세)의 92.6%가 자식의 부양을 기대 않는 것으로 조사되었다. 실제로도 자녀를 통한 노후 보장에 있어서 물질적 지원보다는 정서적인 지원의 형태로 바뀌고 있는 실정이다.

셋째, 개인라이프스타일을 중시하는 가치관 요인이 저출산을 유발시킨다. 개인의 자아실현과 삶의 질을 중요하게 생각하는 경향이 확대됨에 따라 자녀에 대한 선호는 감소하고 있다. "자녀가 반드시 필요한가?"라는 질문에 1990년에 90.3%가 반드시 필요하다고 답변하였으나, 2003년에는 54.5%로 급감하였다. 더불어 독신을 선호하는 개인비중이 증가하고 지속적으로 관계를 유지할 수 있는 배우자를 만나는 것이 어려워지고 있는 현실이다. 2000년 20대 초반 미혼율이 89.0% 정도로 나타났고, 20대 후반의 경우도 40% 이상으로 급증하였다. 그리고 개인의 자유로운 생활을 중시하고 자아를 실현하기 위해 독신가구를 형성하는 경우가 증가하여, 2005년 독신가구 비중이 17%에 달했다.

넷째, 여성의 경제적 위상은 향상되었으나, 사회적 여건이 미흡한 사회 및 직장요인이 저출산을 유발시킨다. 남녀 임금 격차 감소 등 양성차별이 감소됨에 따라 여권 신장과 함께 여성의 경제활동 참여가 증가되고 있다. 특히, 미혼 여성의 경제활동 참가율이 급속히 증가하고 있는 실정이다. 그러나 현실적으로 여성은 직장, 양육, 가사 등의 병행이 어려운 상황이다. 이는 기혼 여성의 경우, 직장과 가사 중 택일할 수밖에 없는 상황이며, 미혼 여성의 경우 결혼 연령이 높아지는 원인으로 적용된다. 더불어 우리나라의 경우 자녀 양육은 대부분 부모가 직접 담당하고 있으며, 보육시설 이용비율은 저조한 실정이다. 이는 직장을 다니기 위해 출산을 포기해야 함을 간접적으로 시사하는 것이다.

위의 4가지 요인은 출산율 하락에 직접적으로 영향을 미치는 것이지만, 출산의 문제에 효과적으로 대처하려면 어느 요인이 가장 핵심적이고 파급효과가 강한지 정확한 진단을 하고 이에 근거해 처방을 내려야 한다. 우리나라의 경우 2000년 초반에 나타난 급격한 출산율 저하는 주로 소득 요인에 의한 것으로 판단된다. 외환위기 이후 급격하게 진행된 경제, 사회적인 변화는 소득과 고용의 불안정성을 크게 높였고 이것이 급격한 출산율 저하를 유발한 것이다. 또한 한 가지 주목할 사실은 자녀의 양육비용 등 자녀 요인보다는 만혼의 증가, 여성의 경제적 역할 증대, 육아와 직장의 양립 어려움 등 가치관 및 사회, 직장 요인이 우리나라의 출산율 하락에 더 큰 영향을 미치는 것으로 분석된다.

따라서 이런 요인들에 의한 저출산 시대를 대처하기 위해서는 "출산율제고"와 함께 "저출산 적응정책"을 병행할 필요가 있다. 왜냐하면 아무리 출산율 제고를 위해 노력한다 하더라도 출산율을 인구 대체율 수준인 2.1명으로 다시 높이는 것은 거의 불가능하기 때문이다. 출산율 제고를 위해 우선 정부는 세계 최저 수준의 출산율을 탈피하기 위해 사회 및 직장요인개선에 초점을 맞추어야 할 것이다. 소득 요인의 경우 노동 시장을 포함한 경제 전체의 문제이므로 출산율 제고만을 목표로 경제정책을 운용할 수 없는 사안이며, 만혼, 독신증가, 개인만족중시 등의 가치관 요인은 바꿀 수 있는 정책이 없다고 해도 무방한 사안이기 때문이다.

사회 및 직장요인 개선을 위해서는 먼저 전일제(FULL – TIME)근로형태의 획일성에서 탈피하는 것이 시급하다. 여성이 가사와 육아를 담당하던 시대에는 가장 효율적이었던 전일제 근무형태가 사회 전체의 생산성을 저해할 수도 있다. 이 경우에 여성취업확대는 곧 출산율 하락으로 연결되기 때문이다.

다음으로 근무형태 유연화를 근간으로 하는 친가족 근로형태를 적극 도입할 필요성이 있다. 이는 출산, 육아와 취업간의 조화정책의 핵심이다. 즉 출산이 고용을 가로막지 않는 고용정책의 목표와 고용이 출산을 저해하지 않도록 하는 인구정책의 목표간의 조화를 뜻하기 때문이다. 따라서 가정과 직장의 병행이 가능하도록 근무시간, 근무 장소에 유연성을 부여하고, 이를 활용하는 기업에 세제혜택이나 지원금을 제공하는 등 정부가 앞장서 노력해야 할 것이다. 그리고 중장기적으로 개인의 경제적 불안을 완화하여 소득요인을 개선할 필요가 있다. 매래에 대한 불안이 경감되어야 출산에 대한 긍정적인 시각이 복원될 것이다. 미래에 대한 불안은 개인들로 하여금 출산과 같은 장가적인 책임이 뒤따르는 결정을 회피 또는 연기하게 한다. 따라서 근원적으로 개개인의 경제적 안전도가 향상될 수 있도록 사회 인프라를 구축하고 평생직업과 교육, 고용증대 및 확대정책 등을 꾸준히 시행해 나가야 할 것이다.

위와 같은 출산율 제고 정책과 함께 저출산 시대가 지속될 것을 감안하여 이에 적응하기 위한 정책도 추진해야 할 것이다. 고등교육의 경쟁력을 향상시키고 잠재노동력인 여성과 고령자를 적극 활용하는 등 인적자원 수준을 질적, 양적으로 제고하는 방안을 모색하여야 한다.

고령화 사회 문제

20세기 중반 이후 65세 이상 노인인구 비율이 두드러지게 높아짐은 세계적인 추세는 여성들의 경제활동 증가에 따른 출산율 저하와 의학 발달 및 소득 증대에 따른 평균수명 증가에 기인하여 우리나라도 2000년에 노인인구 비율이 7%를 넘어 섬으로써 고령화 사회에 진입하였다. 결과로 개인적으로는 빈곤, 질병, 고독 문제 발생 가족차원에서는 동거 및 수발비용을 둘러싼 갈등 및 가족역할 재조정의 문제, 사회적으로는 공적 연금 보험료와 공적 부조 증가, 의료비용 증가에 따른 보험료인상 등 전반적인 부담 증대하여 UN 분류에 따르면 노인인구비율 7%~14%를 고령화 사회, 14%~21%를 고령사회, 22% 이상을 초고령화 사회에 이르게 되었다.

이러한 고령화의 영향력은 경제·사회적으로 커다란 파장을 예고 노동시장에서는 생산연령인구의 비율과 수를 감소시켜 노동공급 감소초래 노동공급의 감소를 상쇄할 만한 생산성 증가가 없는 한, 고령화 진전에 따라 경제성장 둔화 자본시장에서는 청장년기의 저축성향이 노년기의 저축성향보다 높으므로 고령화에 따라 총저축이 감소되면, 가용자금 감소와 투자위축 등 경제성장 둔화요인으로 작용 연령에 따른 자산보유성향 차이로 고령화 사회에는 자본시장에도 중요한 영향을 미칠 가능성 노동공급의 감소, 총저축의 감소로 인한 투자위축은 획기적 생산성 향상이 없는 한 경제성장을 둔화시켜서 2050년경 경제성장률은 1%대로 낮아질 전망이다.

노령화로 인한 노동 및 자본시장 구조 변화는 재정수입 감소와 노인복지비용 등 재정지출 증가로 재정수지가 악화되고 이는 다시 경제성장 둔화를 가져오는 악순환 예상, 기타 사회적으로는 노인관련 산업 증가와 부양부담을 둘러싼 세대 간 갈등을 초래하며 사회정책이나 서비스개발의 필요성이 크게 증대되고 있다. 이러한 고령화 사회에서 지속적 성장을 우지하기 위해서 고령자의 근로유인제고 및 노동수요 진작 대책 필요 신축적 고용형태 및 임금구조와 고령자 지원활동 등 증가하는 노인 의료비 지출에 효율적 대책이 시급하다.

생각해보기

1. 온실효과란 무엇이고 그 원인과 결과 재앙을 설명하라.

2. GMO(유전자 변형식품)의 종류와 장점, 단점을 설명하라.

3. 환경 호르몬이란 무엇인가? 그 원인은?

4. 환경오염(대기, 토양, 수질, 방사능)이 인간에게 미치는 영향을 설명하라.

5. 미래 문제에 대하여 설명하라.

6. 자연 농법에 관련한 '기적의 사과'를 읽고 느낀 점 쓰기

참고문헌

제1장

1. 빛으로 말하는 현대물리학, 고야마게이타(손영수), 전파과학사, 1990
2. 불확정성 원리, 쓰즈키 다쿠지(임승원), 전파과학사, 1996
3. 현대물리학, Arther Beiser, 1990
4. 빛의 과학, 안승준, 홍릉과학출판사, 2008
5. 빛이란 무엇인가, 뉴턴편집부, 뉴턴코리아, 2008
6. 빛의 치유력, 로저 코크힐(임형태), 생각의 나무, 2006

제2장

7. **상대성이론의 아름다움, 사토 카츠히코(봉영아), 비타민 북, 2006**
8. 시간이란 무엇인가, 일본 뉴턴, 뉴턴 코리아, 2009
9. 시간이란 무엇인가, 클라우스 마인처(두행숙), 들녘, 2004
10. 상대성이론, 일본 뉴턴프레스, 뉴턴코리아, 2009
11. 위대한 물리학자, 위리엄 클로퍼(김희봉), 사이언스 북스, 2007
12. 상대성이론 그 후 100년, 고장원 외 15, 궁리, 2005

제3장

13. 아낌없이 주는 나무, 셀 실버스타인(이재명), 시공사, 2006
14. **나무를 심은 사람, 장 지오노(김경온), 햇살과 나무꾼, 두레, 2005**

15. **기적의 사과, 이시카와 다쿠치(이영미), 김영사, 2009**

16. 광합성의 세계, 이와나미 요조(심상철), 전파과학사, 2005

17. 지구를 걸으며 나무를 심은 사람, 폴 콜먼(마용운), 그물코, 2008

제4장

18. **물은 답을 알고 있다 1, 2권, 에모토 마사루(홍성민), 더난출판사, 2008**

19. 원적외선공학, 다까지마 히로토(정해상), 겸지사, 1997

20. 물 - 생명과 건강의 과학, 니와 유키에 지음(남원우 역), 지식산업사, 1997

21. 생명의 물 기적의 물, 김현원, 동아일보사, 2008

22. 생명의 물 파이워터, 미키노 신지(이준학), 국일 미디어, 1999

제5장

23. 우주의 기원, 사이먼 싱(곽영직), 영림카디널, 2008

24. 블랙홀과 아기우주, 스티븐 호킹(김동광), 까치글방, 2005

25. **UFO 외계 문명의 메시지들, 박찬호, 은하문명, 2002**

26. 창백한 푸른 점, 칼 세이건(현정준), 사이언스 북스, 2001

27. **코스모스 칼 세이건(홍승수), 사이언스 북스, 2004**

제6장

28. 재료과학, 윌리엄 D. 칼리스터(이동희), 교보문고, 2001

29. 도자기 - 마음을 담은 그릇, 호연 애니북스, 2008

30. 반도체 이야기, 매일경제 산업부, 이지북, 2005

31. 초전도와 응용, 김영해, 기전연구사, 2007

제7장

32. 과학 콘서트, 정재승, 동아시아, 2003

33. 올바른 영상투영법과 투시이론, 천병수, 월드사이언스, 2008

34. 깜작 기술 - 의학기술 편, 게리베일리, 주니어랜덤, 2007

35. 21세기 첨단 레이저 기술, 일본레이저학회, 전파과학사, 2004
36. 레이저의학, 김웅기, 의학문화사, 2000
37. **고래는 왜 바다로 갔을까, 과학아이, 창작과 비평사, 2000**

제8장

38. 나는 한때 목동이었습니다, W. 필립 켈러(권용국), 만나, 1992
39. **땅콩 박사, 로렌스 얼리엇(민경식), 대한기독교서회, 2008**
40. 개미, 베르나르 베르베르(이세욱), 열린책들, 2001
41. 상대적이며 절대적인 지식의 백과사전, 베르나르 베르베르(이세욱), 열린
    책들, 1996
42. 생명이 있는 것은 다 아름답다, 최재천, 효형출판사, 2006
43. 인간과 동물 - 자연에서 배운다, 최재천, 궁, 2007

제9장

44. 놀이기구들 속의 물리학적 원리, 김범기, 한국물리학회, 2002
45. 일상속의 물리학, 세드리크 레이(안수연), 에코리브르, 2009
46. **영화 속에 과학이 쏙쏙, 최원석, 이치, 2003**
47. 쓰나미를 예측할 수 있을까, 엘렌 에베르, 프랑수아 셍들레(김성희), 민음
    IN, 2008
48. 인간복제 그 빛과 그림자, 안종주, 궁리출판사, 2003
49. 인간복제 무엇이 문제인가, 스티븐 제이 굴드(박찬구), 울력, 2002

제10장

50. 과자 내 아이를 해치는 달콤한 유혹, 안병수, 국일 미디어, 2006
51. **자원전쟁, 에리히 폴라트 알렉산더 융(김태희), 영림카디널, 2008**
52. 지구 온난화, 일본 뉴턴프레스(강금희), 2009
53. 환경보고서, 김맹수, 해와나무, 2009
54. 유전자변형식품실체, 와타나베유지(천춘진), 농민신문사, 2000

55. 노후설계백서, 우승호, 후먼앤 북스, 2007
56. 환경위기의 진실, 잭 M 홀앤더(박석순), 에코리브르, 2006
57. **신재생에너지, 윤천석, 인피니티북스, 2009**

김근묵

▮약 력

1952년 충남 연기 출생
1987년 연세대학교 대학원 물리학 박사과정(이학박사)
현재 수원대학교 물리학과 교수
풍생학원(풍생 중·고등학교) 이사
스피드 엔지니어링(주) 기술고문
한국물리학회, 한국재료학회, 한국반도체장비학회, 한국특허학회, 한국의학물리학회,
의학물리학회 회원
전공: 물리학, 고체물리학(반도체), 의학물리학

▮주요 논문 및 저서

『생각과 믿음을 키우는 개구쟁이 영재들의 과학 실험』
『생각과 믿음을 키우는 개구쟁이 영재들의 과학 연습』
『과학연습』 I, II(포도원 출판사)

자연과학
오디세이

초판인쇄 | 2009년 10월 27일
초판발행 | 2009년 10월 27일

지은이 | 김근묵
펴낸이 | 채종준
펴낸곳 | 한국학술정보㈜
주   소 | 경기도 파주시 교하읍 문발리 파주출판문화정보산업단지 513-5
전   화 | 031) 908-3181(대표)
팩   스 | 031) 908-3189
홈페이지 | http://www.kstudy.com
E-mail | 출판사업부 publish@kstudy.com
등   록 | 제일산-115호(2000. 6. 19)

ISBN   978-89-268-0511-4 03420 (Paper Book)
        978-89-268-0512-1 08420 (e-Book)

이담 는 한국학술정보(주)의 지식실용서 브랜드입니다.

이 책은 한국학술정보(주)와 저작자의 지적 재산으로서 무단 전재와 복제를 금합니다.
책에 대한 더 나은 생각, 끊임없는 고민, 독자를 생각하는 마음으로 보다 좋은 책을 만들어갑니다.